城市地下空间地球物理勘探方法适应性研究

——以成都市国际生物城为例

罗 兵 谢小国 曹 楠 / 编著

四川科学技术出版社

图书在版编目（CIP）数据

城市地下空间地球物理勘探方法适应性研究 / 罗兵，谢小国，曹楠编著 . -- 成都 : 四川科学技术出版社，2024.6
ISBN 978-7-5727-1393-4

Ⅰ . ①城… Ⅱ . ①罗… ②谢… ③曹… Ⅲ . ①城市空间 – 地下物探 – 研究 Ⅳ . ① P631.8

中国国家版本馆 CIP 数据核字 (2024) 第 111408 号

城市地下空间地球物理勘探方法适应性研究

CHENGSHI DIXIAKONGJIAN DIQIUWULI KANTAN FANGFA SHIYINGXING YANJIU

编　　著　罗　兵　谢小国　曹　楠

出 品 人　程佳月
责任编辑　杨晓黎
封面设计　林　静
责任出版　欧晓春
出版发行　四川科学技术出版社
　　　　　成都市锦江区三色路 238 号　邮政编码　610023
　　　　　官方微博 http://weibo.com/sckjcbs
　　　　　官方微信公众号 sckjcbs
　　　　　传真 028-86361756

成品尺寸　172mm × 235mm
印　　张　11.25
字　　数　180 千
承　　制　四川省摄影家广告印务有限公司
印　　刷　成都兴怡包装装潢有限公司
版　　次　2024 年 6 月第 1 版
印　　次　2024 年 6 月第 1 次印刷
定　　价　68.00 元

ISBN 978-7-5727-1393-4

邮　　购：成都市锦江区三色路 238 号新华之星 A 座 25 层　邮政编码：610023
电　　话：028-86361770

目 录

1 前论

1.1 背景

随着我国经济建设的高速发展，城市化进程也在不断加快，城市人口持续增长，城市规模不断扩大，但由于地表面积的限制，城市只能向高空和地下发展，而现代城市建筑大多是高层、超高层建筑，其建筑结构受经济、技术条件的限制，使得一般建筑高层只能保持在一定范围内，这不能满足城市发展的需求，有必要加强地下空间资源的探测与开发。鉴于此，世界上已有部分发达国家已建成深度数十米至数百米的地下建筑，而我国在地下空间利用方面仅仅停留在地铁、地下停车场、购物中心、娱乐场所、蓄水池、地下管线等领域，地下空间开发尚未形成规模。我国在地下空间开发利用方面拥有巨大的潜力，有必要针对地下空间资源地质特征开展调查研究，了解制约城市地下空间开发的各种地质要素，为开展城市地下空间规划与建设提供科学的地质依据。

另外，由于地下空间的开发利用，所引发的各类地质问题也日益突出，如路面塌陷、基坑坍塌等各类地质灾害事故，因此在城市工程建设之初，需要对地下空间开发利用地质条件的适宜性做出勘探与评价，确保异常地质条件清晰，施工技术措施得当，以降低各项安全风险。

成都市为国家中心城市，按照“东进、西控、南拓、北改、中优”的总体布局，根据《成都市城市总体规划（2011—2020）说明书》，目前成都市地下空间开发主要目标是建立依托地铁网络、以城市公共中心为枢纽的地下空间体系，未来成都市城市地下空间资源开发利用规划和建设将逐步进入加速发展阶段，呈现出利用规模化和功能多样化态势。为了精准支撑成都市城市地下空间资源科学、综合开发利用与城市规划布局优化，根据成都市土地管理委员会第 36 次会议精神，2018—2022 年拟开展成都市城市地下空间资源地质调查工作。

地球物理勘探作为一种绿色勘探手段，具有探测速度快、信息损失小、数据丰富的特点，同时能够弥补钻探、地表地质调查等方法手段在城市地质工作中受限的问题，在城市地质调查中发挥着越来越重要的作用。由于城市复杂环境条件下，人文活动、电磁干扰错综复杂，对各种地球物理勘探方法影响程度不同，同时基于成都市地下空间独特的地质条件，如含膏盐泥岩、含钙芒硝泥岩、芒硝矿采空区、软土等特殊地质体探测对地球物理方法的深度、准确性以及精度有不同程度的需求，有必要针对成都市特殊地质条件，探索各种地球物理勘探方法的适用性，提高地球物理勘探方法在精细化分层和特殊地质体识别方面的应用能力，形成针对不同地质问题的地球物理勘探方法标准及操作体系，为以后在成都市开展城市物探工作提供参考及建议。

1.2 国内外研究现状

1.2.1 城市地质调查国内外研究现状

1）国外研究现状

城市地质工作是伴随着经济社会的发展而出现并发展起来的。1863 年建成使用的伦敦地铁是第一次工业革命后西欧城市化进程的产物，成为近代地下空间开发的重要标志。20 世纪 30 年代初在德国开展了土壤地质填图 (Hoyningen–Huene，*1931*)，该项工作主要是为支持城市规划服务，也可以称为近代最早的城市地质工作。在此之后，德国继续开展相关工作，20 世纪 30 年代末，由德国国家地质研究所编制了不同类型的土地利用适用性的图件，这些图件基于 1 ：10 000 和 1 ：5 000 的综合性地质图 (Brd–ning，1940)。城市地质从发展之初就是将地质与城市的利用相结合。二战后经济复兴及人口增长，伴随着城市的扩张，欧洲和北美的城市地质勘探活动也明显增加(Hageman B.P.,1963；Muckenhausen E.et.al.1951 ）。此时的城市地质工作主要研究城市水资源与地质灾害等方面（Legget R.F., 1973）。到了 20 世纪 70 年代末，由于城市的工业化发展，出现了工业污染问题，因此城市地质工作的重点转移到探测、固化和复原废物处置污染场地的新领域，美国的许多城市也出版了类似的城市地质图（Mcgill J.T.,1973；Lutting G.W.，1978；Baskerville C.A.et.al，1981）。

随着城市地质工作的开展，相关研究也得到了积极推进，促进了城市地质作为一门学科的发展。1962 年，Douglas R.Brown 编写了“Geology and Urban Development”，书中阐述了地质工作在城市发展中的重要性，由此也打开了地质学家将城市地质作为一门学科的研究之路。1964 年，美国地质学家 John T. Mc Gill 编写了“*Growing importance of urban geology*”，此时城市地质的重要性已经逐渐得到地质学家的重视。随后一系列关于城市地质的书籍相继出版，包括 1969 年地质学家 C.A.Kaye 所著的“*Geology and Our City*”、1973 年工程地质学家 Robert F. Legget 编著的“*Cities and Geology*”、1978 年 R.O.Utgard 等编著的“*Geology in the Urban Environment*”，1980 年 D. Leveson 编制的“*Geology and the Urban Environment*”，1982 年 R.Bowen 编著的“*Urban Geology*”等书。这些书籍的问世使得城市地质学逐渐兴起，受到地质学者的广泛关注（何中发，2010）。

20 世纪 80 年代以后，随着城市地质工作的逐步推进以及计算机技术的飞速发展，城市地质工作中的信息处理技术也在提高。计算机在电子图件中的应用使得规划者、决策者和地质工作者可以更加易于应用相关信息，促进了城市地质工作的发展。这个时期美国纽约和华盛顿以及英国部分城市开展的城市地质工作采用了数字填图（Merguerian C.et al.,1987；Monroe S.K.，1987；Forster A.et al.，1987；Mulder E.F.J.De，1986；Cendrero A.，1987）。20 世纪 80 年代中期在亚洲及太平洋经济社会（ESCAP）的推动下，东南亚和太平洋地区启动了城市地质的研究工作（冯小铭等，2003）。1989 年，第三届地下空间国际学术会议上首次提出了城市地下空间的概念。东南亚的斐济、印度尼西亚、马来西亚等国开始了专门的城市地质研究工作（Claessen F.A.M，1987；Al-laglo L.K.et al.，1987）。20 世纪 90 年代，英国地质调查局取得了城市地质学的重要进展，编制了基于数字化数据库的土地利用规划、土木工程建设和解决地质环境问题的各种主题图件（Pelling，2004）。除英国外，加拿大在 20 世纪 90 年代也取得了城市地质重要进展。1998 年，Karrow P.F. 等基于 20 世纪 90 年代初期加拿大 23 个城市的城市地质调查成果编著了“*Urban geology of Canadiancities*”，此项工作研究的内容包括基础地质、水文地质及地质灾害和土壤环境等多方面内容，体现了加拿大当时城市地质的最新成果。

进入 21 世纪，城市地质相关研究工作得到更大发展，许多国家针对城市的发展规划开展城市地质工作，并取得了重要成果（Dilley，2005）。2000 年，英国为了给城市的规划发展提供综合地质信息，部署开展了城市地球科学研究项目。2003 年，新西兰和澳大利亚也开展了类似工作，并编写了《新西兰和澳大利亚东部城市与第四纪地质》。这项工作主要是从城市地质条件和城市地质问题出发，研究分析城市地质在城市规划、防灾减灾以及土地利用中的作用（吕敦玉等，2015）。随后，越来越多的城市以为城市发展服务为目标开展城市地质工作。埃塞俄比亚北部默格莱市在城市地质工作中分析了影响其可持续发展的工程地质、水文地质问题，在此基础上为城市建设提出规划建议（Gebremedhin B.，2012）。西班牙格拉纳达市以及土耳其的北安纳托利亚断层带附近城市开展了城市的工程地质环境的研究，从城市建设适宜性方面为城市规划提出建议（Chacon J.et al.，2012；Tudes S.et al.，2012）。与此同时，遥感和 GIS 技术的应用也越来越广泛。例如，埃及和希腊的某些地区运用遥感和 GIS 技术，采用层次分析法，选用影响地质安全的重要指标并确定因素权重，开展了建设用地的适宜性评价（Youssef A M.et al.，2011；Bathrellos D.G.et al.，2011）。

城市地质的快速发展及其在人类经济社会中的重要作用，使得城市地质受到越来越多的重视，20 世纪后半叶，世界范围内地下铁道网、大规模地下综合体、地下综合管线廊道和地下步行道路网等的大量涌现，标志着国外城市地下空间资源研究和大规模开发利用的开始。芬兰等北欧国家，气候寒冷，地质条件良好，在城市地下空间规划和利用方面具有丰富经验；日本、新加坡国土面积狭小，经济发达，十分重视城市地下空间的开发利用；美国、加拿大等北美国家，城市规模不断扩大，通过城市地下空间的开发利用解决城市交通和环境污染问题。国外地下空间的开发利用从大型建筑物向下的自然延伸发展到复杂的地下综合体，进而发展成规模庞大的地下域。从国外城市地下空间发展情况来看，其城市地下空间发展特点主要表现为地下空间开发深度不断增加，地下空间综合效能持续提升，注重科学、合理、有序、适度开发和重视地下空间平战兼顾利用。

国际地质大会上关于城市地质的内容也在增多，促进了城市地质研究的国际交流。例如，2008 年 8 月在挪威举办的第 33 届国际地质大会上，挪威国家地质调查局介绍了其在奥斯陆地区开展的城市地质调查项目，工作涵盖与城市发展相关的十个方面：氡灾害、地面沉降、城市土壤污染、地热、砂矿资源、地下水、矿产地质、基底稳定性与监测、地质教育等，这也引起了各国地质学家的广泛关注（何中发，2010）。

2）国内研究现状

与世界发达国家相比，我国城市地下空间资源开发利用起步较晚，但发展迅速。

我国的城市地质工作开始于中华人民共和国成立初期，最初是为满足城市建设需要而开展的城市水文勘查工作。20 世纪 70 年代末至 80 年代，受经济发展的影响，城市地质工作得到大力支持，发展迅速，此时的地质调查工作多以为城市寻找水源为主，因此城市地质工作仍以水文地质调查为主。初步统计约有 80 多个城市的地下水供水水源地的勘查在这一时期完成，而且京、津、沪等主要城市做了水资源的评价及预测。20 世纪 80 年代以来，城市地质工作逐步由早期单一的工程地质转向综合性地质调查，曾先后在 100 多座城市中开展了为城市规划、建设和管理服务的城市地质工作，进行城市综合地质勘查、地质论证、供水勘查、工程地质及环境地质勘查等方面的工作。进入 21 世纪，以北京、上海、天津、广州、杭州和南京等大城市为试点，进行了全面系统的城市立体地质调查和综合评价，建立了城市三维地质模型和城市地质数据库，为城市规划建设和管理提供了重要的支撑。之后，其经验逐渐在其他一线城市乃至二、三线城市推广应用。

在城市地质工作的快速发展中，城市地质学的理论研究也在创新与发展。冯小铭（2003）指出，城市地质工作具有学科的综合性、地域的独特性、工作的持久性、方法的多样性等一系列特点，不同城市由于规模、资源承载力、地质环境特征的不同，城市地质调查、评价的对象、内容也有所差异。在评价方法上不同地区也在不断地做新的研究与尝试。蔡鹤生等（1998）利用层次分析定权法评价城市地境。戴英、张晓晖（2003）在对兰州市地质环境评价时也采用了层次分析法，并引入专家赋值共同构建评价模型。王德伟（2006）则采用了加权指数法在四川省宜宾市开展了地质环境质量评价的实例研究，加权指数法是将地质环境质量用地质环境条件基础性指数、地质灾害危险性指数和地球化学脆弱性指数表示，之后进行加权计算得到综合评价值，进而综合评价总的质量环境。陈力等（2008）通过定性分析和类比方法，选取主要地质参数作为评价因子，对辽宁抚顺城市工程地质环境质量进行综合评价分析；陈刚（2008）等采用系统聚类法对北京通州规划新城工程地质环境质量进行了分区评价。黄义忠等（2010）提出地质环境脆弱性的概念，构建相应的评价指标体系，采用层次分析法与模糊综合评判相结合的方法，进行了丽江市地质环境脆弱性评价。侯新文（2011）则将层次分析与专家赋值进行了两级划分，一级指标采用地质环境因子确定权重，二级指标则依据专家赋值，通过这种多方式结合评价了环胶州湾地质环境适宜性。陈雯等（2012）同样采用层次分析—专家打分法确定了评价因子的权重，并采用敏感因子—模糊综合评价模型对曹妃甸滨海新区建设用地地质环境适宜性进行了评价。总的来看，目前采用的评价方法多以半定量为主，例如以上提及的层次分析法、模糊综合评价法、聚类法、加权指数法及专家打分等。

此外，针对成都市中心城区地下空间开发利用地质环境制约因素的研究，李霞（2019）分别从水文地质条件、工程地质条件和环境地质问题等三个方面，系统研究了地下空间开发利用的影响制约因素。结果表明，研究区水文地质条件的制约因素有地下水水位、含水层厚度、岩土层透水性、地下水腐蚀性等；工程地质条件的主要制约因素为膨胀土和可液化沙土；地面沉降是影响中心城区地下空间开发利用的主要环境地质问题。

1.2.2 城市地球物理勘探国内外研究现状

目前，由于城市的许多地方被道路、房屋等人为建筑物所覆盖及勘探经费等客观条件的限制，不宜进行大规模的钻孔直接入地勘查，而地球物理方法具有成本低、施工速度快、对城市环境干扰小等特点，通常用来获取城市的地下空间信息，为地下空间的开发和利用提供参考。地球物理技术是利用先进的地球物理探测仪器摄取地质目标体物理场的分布，并将其与均质条件下的物理场进行比较，找出其中的异常部分并研究与探测目标之间的对应关系，进而达到解决地质问题或工程问题的目的（刘传逢等，2015）。从本质上讲，地球物理探测技术实际是测量和研究地质目标体与周围介质的某一种或几种物理特征参数（如密度、弹性、磁性、电性、放射性、热物理性等）之间的差异，从而解决地质或工程中遇到的问题。在城市地下空间探测中的主要方法有：浅层地震勘探、高密度电法和探地雷达等。应用领域包括城市管线探测、城市地下埋藏物探测、路面塌陷调查、人防工程探测、岩溶探测、断层探测等方面。

1）浅层地震勘探

浅层地震勘探具有精度高、分辨率高、探测深度大，且对场地要求较小的优点。根据地震波类型，可将地震勘探分为P波、S波及面波等3种方法。其中P波折射法在城市中经常用于揭示地下地层的结构特征（Liberty et al.，1998；Martinez et al.，

2012）。由于P波是通过水平方向进行传播的，而浅层地下空间的介质属性的侧向变化较快，导致了P波对于浅层探测的分辨率不足（李万伦等，2018）。在过去研究中，认为S波的数据质量是不可预测的，且缺乏相关的处理经验，导致在地下浅层结构的研究中对S波应用较少（Bansal et al.，2013）。虽然S波的穿透深度较P波小，但其波长较短，可获得高分辨率的地下浅层速度结构，特别适用于探测地下的精细结构。随着近年来地震设备的不断研发，陆地地震拖缆系统极大地促进了S波方法在城市浅层地下空间的应用。Inazaki等（2006）使用S波陆上拖缆开展高分辨率地震反射测量，对冲积层内的层状结构进行成像。Krawczyk等（2013）利用LIAG研发的地震拖缆系统，对Gillenfeld、Hamburg等地区进行调查，获得高精度的速度结构，揭示了地下浅层沉积物的结构与分层特征。

浅层地震勘探可以提供地下图像资料，还能获取所需的地下结构参数信息，对于城市地下空间探测具有极大的应用价值。但其仍存在较多的约束条件，如①城市是一个人口密集和建筑物集中的区域，基于安全等因素考虑，在城市中进行浅层地震勘探不能使用爆炸性震源，所产生地震波不能对周围建筑物产生损害；②地震方法的检波器受施工场地的影响大，在噪声较大的地方无法开展工作；③与其他地球物理相比，浅层地震方法的成本较高等，极大地制约了浅层地震方法在城市地下空间探测中的应用。

2）高密度电法

高密度电法是以地下被探测目标体与周围介质之间的电性差异为基础，利用人工建立的稳定地下直流电场，依据预先布置的若干道电极可灵活选定装置排列方式进行扫描观测，旨在对丰富的空间电性特征进行研究，从而查明和研究有关地质问题。高密度电法也可以称之为直流电法勘探方法（阿发友，2008）。高密度电阻率法基于不同介质间的电性差异，采用仿反射地震勘探的阵列式布极方式，被广泛地应用于岩溶区覆盖层结构和厚度探测、管道探测、溶洞探测及地质构造探测等地下浅层空间结构的探测（Mc Grath et al.，2002；吕惠进等，2005；Lin et al.，2014），具有浅层横向的分辨率高、成本低、勘查效率高等特点（严加永等，2012）。刘伟等（2019）利用高密度电阻率成像法，查明广东省肇庆市高区市蛟塘镇塱下村岩土垂向及水平向电阻率的变化情况，联合微动谱比法和钻孔资料，进行综合地质解释，揭示了地下塌陷发育的地质背景。

在城市地下空间探测中，由于高密度电法是基于不同介质之间存在的电性差异对地下的结构进行探测，受城市中电网密布、路面硬化等诸多干扰因素的影响，严重限制高密度电阻率法的野外工作开展和极大地降低了采集数据精度。

3）探地雷达

探地雷达主要利用高频无线电波来确定介质内部物质分布规律的一种地球物理方法。其基于高频电磁波理论，探地雷达向地下介质发射一定强度的高频电磁脉冲信号，当电磁脉冲遇到不同电性介质的分界面时即产生反射或散射，探地雷达接收并记录这些反射或散射信息信号，再经信号处理与解释便可知地下介质的分布情况（阿友发，2008）。作为一种高新技术，探地雷达的特点就是高分辨率和快捷的信息反馈，然而这种技术存在一定的局限，比如它极容易受到地下水、地面建筑物、地表管线等的影响，进而会影响到它的探测深度或者出现信息的反馈异常（吴奇，2008）。

曲乐等（2013）采用探地雷达并用发射天线和接收天线以固定间隔距离沿测线同步移动的剖面法进行探测，对金州断裂的走向、埋深、倾向、倾角和基岩面埋深提供了精确的图像结果。吴奇等（2008）利用探地雷达技术与五极纵轴测深方法探测九江某综合楼地基溶洞，实际表明，受场地环境的影响探地雷达技术未发挥明显作用且探测深度有限，五极纵轴测深法却取得较好的探测效果。

4）瞬变电磁法

瞬变电磁法（transient electromagnetic methods，TEM）又称时间域电磁法（time domain electromagnetic methods，TDEM），是一种利用不接地回线向地下发射一次脉冲电磁场，并观测地下涡流场的方法（静恩杰等，1995; 李貅，2002; 牛之琏，2007）。目前，瞬变电磁法普遍采用由一个发射线圈和一个接收线圈组成的测量系统，由于发射线圈在发射电磁场的过程中，会使接收线圈本身产生感应电动势，而这个感应电动势会和地下涡流场产生的感应电动势叠加，从而造成瞬变电磁法的早期信号失真，形成瞬变电磁法的浅层勘查盲区（薛国强，2004）。等值反磁通瞬变电磁法（Opposing Coils Transient Electramagnetic Methods, OCTEM）采用微线圈发射和接收，便于收发天线一体制作，既利于狭小工区野外施工，保障了每个测点激发场的一致性，避免了外业布线误差以及记录点位置原因引起的二次场测量误差（席振铢等，2016）。高远（2018）在房屋密布、接地条件不好、电磁波干扰大的村庄、城镇等地方开展岩溶（或破碎富水岩体）调查工作，利用等值反磁通瞬变电磁法发现了类似岩溶（或破碎富水岩体）以及采空区。周超等（2018）针对山区城市轨道交通勘查中地形复杂和外界干扰强的特点，将等值反磁通瞬变电磁法应用于城市轨道交通中的岩溶探测和地质构造勘查。周磊等（2019）利用等值反磁通瞬变电磁法在湖南郴州市区嘉禾县城镇开展了城市强干扰条件下的物探找水试验，与钻探验证吻合情况良好。

5）混合源面波和微动技术

20 世纪 80—90 年代，人们开始通过反演瑞雷波来获取近地表的 S 波速度，经过二三十年的发展，现已成为城市浅层探测的一种重要基础手段，未来仍有很大的发展潜力。通过分析瑞雷波的频散曲线特征，不仅可以获得地下浅层 S 波的速度结构信息，而且面波法还能为城区地下浅层成像与特征描述提供参考与辅助信息，有助于更全面地掌握地下地质情况。近年来，面波法领域出现的最大热点是利用城市环境噪声作为微震源，进而通过地震信号分析来提取出有意义的重要信息。由于在传统的地震勘探过程中，对于包括面波在内的干扰波都要进行压制，而最新的非传统地震勘探思想认为，在各种地震波里都可能包含着大量有用信息，因此以面波为代表的非传统地震勘探技术必然越来越受到人们重视。

由于城市环境的特殊性，对地震勘探仪器设备也提出了相应的要求，例如震源应尽可能绿色、环保。因此，天然源（又叫“被动源”或“无源”“微动”）地震勘探受到很大重视。理论上，只要有足够的噪声存在，就有可能采用微动阵列法（MAM）来获得速度信息，而且它还具有可测量更大深度的速度的优点。在一般的微动震源中，比较常见的有：正在通过的火车或重型车辆、加工厂或正在生产中的工厂机械、重型的建筑设备，等等。近年来，日本在微动台阵监测技术方面已处于国际前列。

美国勘萨斯地调局的 Ivanov 等（2013）利用该州哈钦森市（Hutchinson）火车通过时的振动作为被动震源，通过面波多道分析方法（MASW），经过试验，较为成功地获取了该市地下 S 波的速度信息，进而对深部岩溶洞穴的分布进行了评估，为建筑场址选择提供了依据。

Craig 等（2016）就在洛杉矶湾东部地区采用了被动源（城市噪声）与主动源面波相结合的勘探方法，以更好地获取该市地下 30 m深度范围内的 S 波速度数据。研究结果表明，在浅部低频区，主动源 MASW 方法可获得相对准确的速度信息，而在深部高频区，被动源（城市噪声）MAM 方法可获得相对精确的速度信息。

利用微动台阵网络，通过连续监测获取大量数据，以保证勘查结果的可靠性。日本的 Nakata（2016）在关东地区群马县（Gunma Ken）通过 300 个单分量检波器采集了环境噪声（特别是交通噪声）数据，经过双波束成形法与地震干涉法分别处理，运用多通道面波分析方法（MASW）估算出了近地表的二维 S 波速度。其原理是，面波的频散特征与地下弹性波（尤其是 S 波）速度的空间变化密切相关。双波束成形法可以从环境噪声中提取出高信噪比的面波数据。由于作者使用的检波器的水平分量垂直于勘探线方面，所提取出的面波主要为勒夫波；因此，如果还有检波器的其他分量，瑞雷波也可采用类似的方法。该二维 S 波速度模型可以反映地下 80 m以浅的详细信息。作者使用的是连续 12 h 的交通噪声数据，但他认为，即使只用 1 h 的噪声数据，也能得到类似的速度模型。由于面波勘探一般仅考虑瑞雷波，该案例也向我们展示了勒夫波的应用潜力。

面波勘探技术是城市物探中非常重要的一种方法，有相关国外学者甚至认为在其他城市物探方法无法发挥作用时，面波勘探也会起到一定作用（Sirles P.et.al.，2013），相比于地震勘探中的横波与纵波，面波可以从另外不同角度为浅层地质结构特征提供更丰富的信息（Schuster G.et.al.，2016）。而面波勘探又分为主动源面波（稳态面波或瞬态面波）勘探和被动源面波（微动）勘探。主动源勘探度受到震源能量和排列长度的限制，勘探较浅；被动源由于可以利用长时间观测记录的优点，使勘探扩大到深度更大的区间。主动源和被动源面波勘探是分别发展的技术，但在浅层勘探中，联合成为一种优势互补的趋势；混合源面波勘探主要是传统的主动源方法与被动源的 SPAC 方法的联合，它充分利用不同频段信息的分辨率，将得到的频散曲线拼接成一组从而提取频散曲线进行联合勘探（刘庆华等，2015）。目前，面波联合勘探已经成为一种趋势，并取得了很多成功案例（张维等，2013；夏江海等，2015；丰赟等，2018）。

6）大地电磁法

由于受城市复杂地下管线及强电磁干扰的影响，天然场音频大地电磁法在城市地质方面的应用较少，北京、上海等地仅开展过部分可控源音频大地电磁法在城市地质中的应用分析。1994 年起北京市地质矿产局将该方法引进到北京地区的地下水与地热资源勘查工作，2004 年北京市开展了“可控源音频大地电磁场法应用研究”课题，通过钻井资料与电磁法推断成果进行对比，表明对地层推断解释有较好的作用，但电磁法反演电阻率曲线质量会受到城区强干扰的影响，使得该方法仅能在建区取得一定的效果。关艺晓等（2016）在江苏省镇江市利用 CSAMT 法在城市及周边电磁干扰较大的地区开展了隐伏断裂的位置、产状和基岩埋深的探测，通过远离高压电线、通信电缆等措施取得了一定的效果。

7）三分量谐振

利用地震频率谐振现象进行勘探的技术被称为地震频率谐振勘查技术。最早应用这种谐振原理对地下进行地质分析的勘查方法是“中村技术”，也即西方学者所称的 H/V 或 HVSR 谱比技术（Nakamura Y. 1989，2008）。它的基本做法是将三分量检波器在一个点长时间观测的振动噪声进行频率分析，将水平分量振幅谱与垂直分量振幅谱进行比值分析，获得第四系卓越频率，进而推算第四系大致厚度。基于地震波传播函数工作原理和“中村技术”的实践（Nakamura Y. 1989，2008），北京派特森科技股份有限公司应用主动源配合被动源地震方法及叠加技术，形成了三分量频率谐振勘探方法。该方法的技术要点是利用波的传输特征，分别分析 P 波、S 波及面波频率特性，将地震勘探的多次叠加技术和微动的频率分析技术，以及主动源勘探场源与观测场源匹配技术进行分析，应用大能量信号源和多次叠加技术压制大量的、无用的非地质信号噪声提高有用信号的信噪比，提高深层勘探能力和浅层分辨能力。

综合浅层地下空间探测方法的特点和实例表明，在进行城市地下空间探测时，需根据不同的场地条件和探测目的，合理选择地球物理探测方法。虽然这些地球物理探测方法在城市地下溶洞、地下水、地下断层等探测中取得较好的探测效果，但其探测深度有限，探测精度受外部环境的影响较大，尤其是在城市中电网密布、楼宇众多、交通拥挤、路面硬化等众多的人文干扰，为城市地下空间探测带来了极大挑战。因此，我们需探索和研究不同地球物理探测方法在城市地下空间探测的适用性，通过开展方法对比试验和针对特殊地质目标体的准确定位和精细分层，形成城市地下空间的地球物理勘探方法标准体系，为以后本地区城市地球物理勘探提供作业依据和指导。

1.3 城市地下空间资源地质调查地球物理勘探方法及参数选择

1.3.1 高密度电法

1）方法选择依据

高密度电阻率法属于电阻率法的范畴，它是在常规电法勘探基础上发展起来的一种勘探方法，是以岩土体的电性差异为基础，研究在施加电场的作用下，地下传导电流的变化分布规律。相对于传统电法而言，高密度电阻率法的特点是信息量大，利用程控电极转换器，由微机控制选择供电电极和测量电极，实现了高效率的数据采集，可以快速采集到大量原始数据，具有观测精度高、数据采集量大、地质信息丰富、生产效率高等特点；一次布极可以完成纵、横向二维勘探过程，既能反映地下某一深度沿水平方向岩土体的电性变化，同时又能提供地层地质体沿纵向的电性变化情况，具备电剖面法和电测深法两种方法的综合探测能力。

针对本次城市地下空间资源地质调查，结合国际生物城及中心城区的勘探目的；场地的特殊地质体及具体情况，选取高密度电阻率法作为物探勘探方法之一，并结合其他物探方法及钻探进行验证。

2）观测参数选择

（1）观测装置选择

国际生物城 S Ⅲ测线完成高密度电法 1.4 km，点距 5 m / 点。采用温纳装置、施伦贝谢尔装置、偶极排列装置开展高密度电法勘探测量。

①装置基本特征

通过对三种装置分别进行测试，得到温纳、施伦贝谢尔、偶极排列三种装置的反演剖面图。由于受工作区复杂环境影响，得到的视电阻率剖面均有不同程度的干扰。

如图 1-3-1 所示，温纳装置除个别电极受干扰影响外，基本表现出地层的层序特征，接地条件较差的电极测得的视电阻率在剖面上表现为放射状的干扰，这与该方法的采集特征相关。该装置所测剖面深度相对较大，对于水平地层 / 地质体反映较为明显；同时在纵向上对纵向地层 / 地质体也有一定反应。

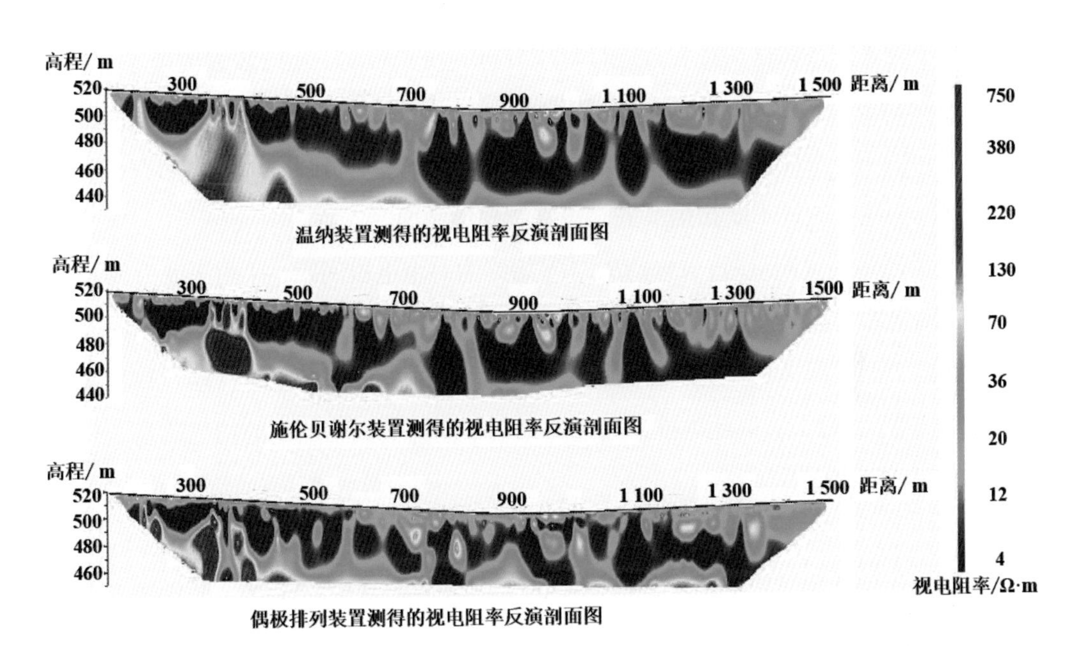

图 1-3-1 生物城 S Ⅲ 测线高密度电法三种装置视电阻率剖面图

施伦贝谢尔装置所测电阻率剖面的干扰与温纳装置相似，并能较好地反映出地层的层序结构，电阻率剖面图成层性相对较好，接地条件较差的电极所测的视电阻率因采集特征表现为放射状干扰；但该装置所测剖面深度略低于温纳装置，且垂向分辨率也略低于温纳装置，不排除为干扰影响，可进一步验证。

偶极排列装置电阻率剖面图因其数据采集的特征，接地较差的电极测得的数据异常较多，没有与其他电极得到较好的数据叠加；因此在剖面上表现为纵向连续干扰，多个纵向干扰割断剖面的横向连续性，使得原有层序特征识别度降低，且该装置所测剖面深度最小。

总体来看，国际生物城 S Ⅲ 号测线高密度电法温纳装置采集的视电阻率剖面成层性好，勘探深度大，受环境影响较小。施伦贝谢尔装置视电阻率剖面地层结构反映较好，勘探深度略小，与温纳装置需要进一步对比；而偶极排列装置受环境影响大，抗干扰能力较弱，纵向连续性较差，反映的地层结构不明显。

②温纳装置与施伦贝谢尔装置的进一步对比

在进一步的实验中，进行了两条测线的测量，采用了温纳、施伦贝谢尔两种高密度电阻率法装置，现将这两种装置进行对比分析，便于后续工作的装置优选。

其中温纳装置测量时，*AM*=*MN*=*NB* 为一个电极间距，*A*、*B*、*M*、*N* 逐点同时向右移动，得到第一条剖面线；接着 *AM*、*MN*、*NB* 增大一个电极间距，逐点向右移动，得到另一条剖面线。这样不断扫描下去，得到倒梯形断面。

施伦贝谢尔装置测量时，*AM*=*NB*，*MN* 始终为一个电极间距，探测深度为 *AB*/3，*A*、*B* 同步分别向左右移动，得到第一层深度的剖面线（n=1）；接着 *MN* 电极同时右移一个电极间距，同时保持 *MN* 为一个电极间距，*A*、*B* 同步分别向左右移动，得到第二层深度的剖面线（n=2）。依此类推，通过对地表不同部位人工电场的扫描测量，得到地下各点的视电阻率值。

如图 1-3-2 所示，在 S Ⅲ测线中，温纳装置在高程 496 m、478 m、442 m 附近的视电阻率变化极其明显，突出了剖面图中的垂向方向的岩层界线或含水界线，而在施伦贝谢尔装置中，这些变化则相对较小，甚至显得极其杂乱，不能很好地判断各种地质界线。由此可知温纳装置的垂向分辨率要相对较好。

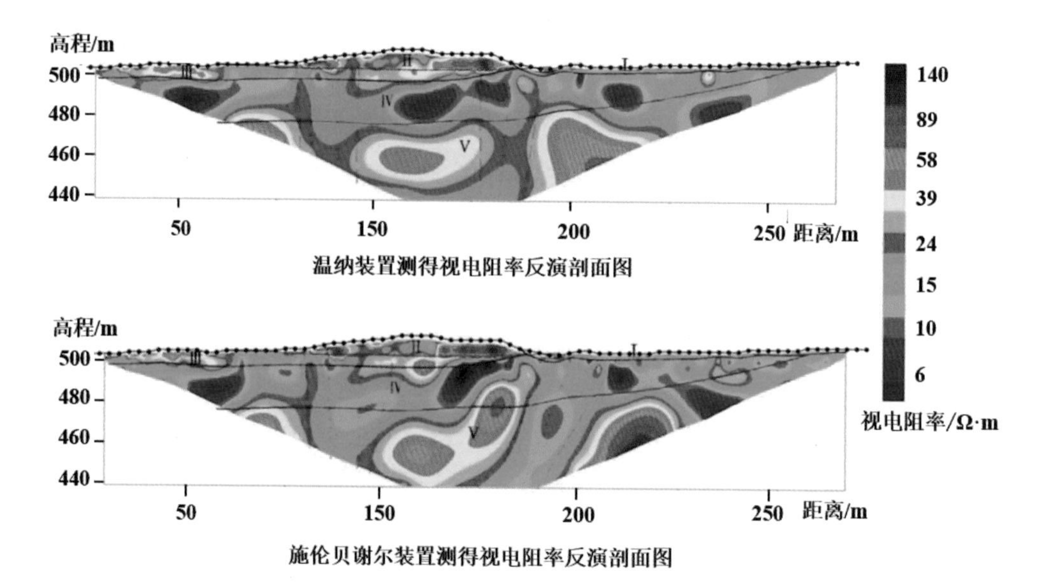

图 1-3-2 S Ⅲ测线温纳装置与施伦贝谢尔装置对比分析图

如图 1-3-3 所示，S Ⅲ测线施伦贝谢尔装置的反演剖面上视电阻率异常横向变化很强烈，在 20 号电极、52 号电极、59~66 号电极，附近都出现了横向突变。在温纳装置中，这些横向的突变整体稍弱于施伦贝谢尔装置，但在 52 号电极处的断层表现中，温纳装置中的横向错断的低阻异常比温纳剖面清晰很多。由此可见，在对地质体水平方向上的变化反应对比中，两种装置各有优势，其水平分辨率相近。

综上所述，温纳装置的垂向分辨率相对较高对地质体垂向分布的反应有比较高的灵敏度，其效果高于施伦贝谢尔装置；在地质体水平方向上的变化反应两种装置相近。

从两次实验共三条测线的实验成果上来看，三种装置的整体效果是温纳装置＞施伦贝谢尔装置＞偶极装置。

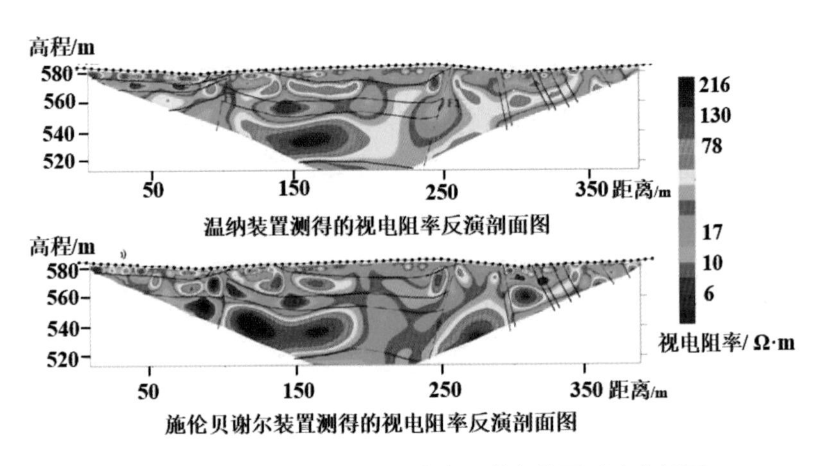

图 1-3-3 S Ⅲ测线温纳装置与施伦贝谢尔装置对比分析图

（2）采空区点距选择

点距是高密度电阻率法的一项重要参数，是影响其分辨率及采集深度的重要因素，根据采空区的地质条件，为满足其辅助浅层地震勘查采空区界线的任务目的，在保障其分辨率的前提下，需要进一步提高采集深度，使其达到 180 m 以上。为兼顾其分辨率和采集深度的要求，采空区高密度电法在开展工作前，将 10 m 和 20 m 两种点距反演的电阻率断面图进行了对比分析。

从点距对比分析图（图 1-3-4）中可以看出，10 m 点距的视电阻率剖面图清晰地突出岩层及风化界线，其测线范围内的裂隙含水区域也可明显地突出，各低阻及高阻异常分明，剖面图成层性好，可很好地判断各种地质界线。

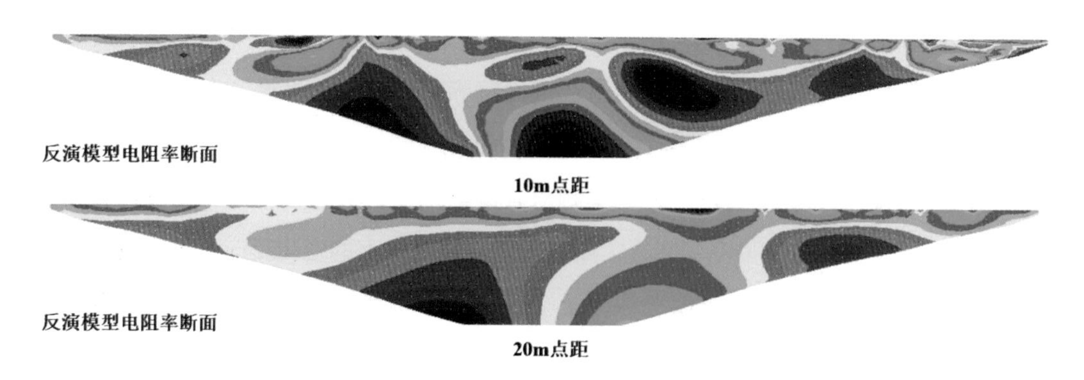

图 1-3-4 同测线不同点距对比分析图

在 20 m 点距的视电阻率剖面图中，其电阻率结构模型与 10 m 点距的视电阻率剖面图相同，但在精细化的比较上与 10 m 点距的电阻率剖面图有较大差别，岩层及风化界线可以清晰表达，但部分 10 m 点距视电阻率剖面图上有的异常区域在 20 m 点距视电阻率剖面图中的表达不足或是完全消失，空间尺寸较小的异常被掩盖，难以在剖面图中表达。

综上所述，点距 10 m 的采集成果图的分辨率明显优于 20 m 点距的采集成果图的分辨率，在满足其勘探采空区界线的采集深度（150~180 m）的前提条件下，选用 10 m 点距可以很好地达到配合浅层地震勘探采空区的要求。故，芒硝矿采空区边界探测采用 10 m 点距开展高密度电法工作。

1.3.2 音频大地电磁法

作为大地电磁测深的场源——大地电磁场（又称天然场），具有很宽的频率范围。它主要是由太阳风与地球磁层、电离层之间复杂的相互作用，以及雷电活动等这些地球外层空间场源引起的区域性，乃至全球性的天然交变电磁场。不同频率的电磁场相互叠加在一起，因此它是一个非常复杂的电磁振荡。大地电磁场入射到地下时，一部分被介质吸收而衰减；另一部分反射到地面。它带有反映地下介质电性特征的电磁场信息，为此人们通过观测地表的电、磁场分量，来研究地下地质结构及其分布特征。

使用音频大地电磁测深仪，观测其基本参数，即正交的两个电场分量（E_x、E_y）和两个磁场分量（H_x、H_y），进而求得 X_y、Y_x 两个方向上的阻抗，以及视电阻率和阻抗相位等电性参数。由电磁波在介质中传播的特征可知，趋肤深度（即勘探深度）随频率的降低而增大。通过观测不同频率的电磁信号，可获得不同深度的电性信息，结合已知地质资料和地层情况，便可解译目标层的地质特征。音频大地电磁法（AMT）的场源主要为天然场，场源信号既有丰富的频率成分，又有足够的强度，使 AMT 的勘探深度从数十米一直到两三千米。

1.3.3 地质雷达

地质雷达是以高频电磁波传播为基础，通过高频电磁波在介质中反射和折射等现象来实现对地下介质的探测。电阻率、介电常数、磁导率是表征介质的电磁性质的主要参数。不同介质这些参数有较大的差异，即使是同一介质，在不同频率的电磁场的作用下也表现出不同特性。影响电磁波在地下介质中传播的电磁参数包括介电常数、电导率（电阻率）和磁导率等。地质雷达在地质调查、环境与工程和无损探测等领域的应用中，通常所见的介质的电性参数是控制地质雷达响应的主要原因。在地质雷达进行介质的探测中决定电磁波场速度的主要因素是介电常数。电导率的影响一般只考虑对电磁波的损耗和衰减，只有在低频情况下，才考虑对速度的影响。

本次城市地下空间资源地质调查中，针对工作区的浅表层勘探，选地质雷达作为物探勘探方法之一，并结合其他物探方法及钻探进行验证。

1.3.4 等值反磁通瞬变电磁法

等值反磁通瞬变电磁法测量深度一般为 0~300 m。由于平原区覆盖较厚，为提高地震数据对第四系覆盖层的解译精度，拟在部分剖面上部署该类方法。

等值反磁通瞬变电磁法是测量等值反磁通瞬态电磁场衰减扩散的一种新的瞬变电磁法，具体技术思路与方案为：以相同两组线圈通以反向电流时产生等值反向磁通的电磁场时空分布规律，采用上下平行共轴的两组相同线圈为发射源，且在该双线圈源合成的一次场零磁通平面上，测量对地中心耦合的纯二次场。

双线圈在地面发射瞬态脉冲电磁场信号，其中一组线圈置于近地表面，在瞬变脉冲断电瞬间，近地表叠加磁场最大，因此在相同的变化时间下，感应涡流的极大值面集中在近地表，感应涡流产生的磁场最强。随着关断间歇的延时，地表感应涡流逐渐衰减又产生新的涡流极大值面，并逐渐向远离发射线圈的深部、边部方向扩散，即为瞬变电磁法的“烟圈效应”。涡流极大值面的扩散速度和感应涡流场值的衰减速度与大地电性参数有关，一般在非磁性大地中，主要与电导率有关：大地电导率越大，扩散速度越小，衰减得越慢。根据地表接收到的涡流场信号随时间的衰减规律即可获得地下电导率信息，这就是等值反磁通瞬变电磁法的物理原理。

等值反磁通瞬变电磁法消除了接收线圈一次场的影响，从理论上实现了瞬变电磁法 0 ~ 100 m 浅层勘探。

1.3.5 浅层地震

1）地震地质条件分析

工区地表主要出露第四系磨盘山组黏土和砂卵砾石层、第四系磨盘山组黏土及泥砂卵砾石层，另少量出露白垩系灌口组粉砂质泥岩层，公路段检波器主要埋置在花台处，接收条件一般。具体分布情况及不同地层的井位和震源数量见图 1-3-1 和表 1-3-1。

表 1-3-1 区内各地层井位数量统计

地层		炮点数 / 个	比例 / %
第四系	公路（可控震源激发）	3 377	45.49
	全新统亚砂土	48	0.65
	第四系磨盘山组	1 465	19.74
	第四系牧马山组	1 649	22.21
	全新统 – 资阳组	306	4.12
白垩系	灌口组	578	7.79
合计		7 423	100

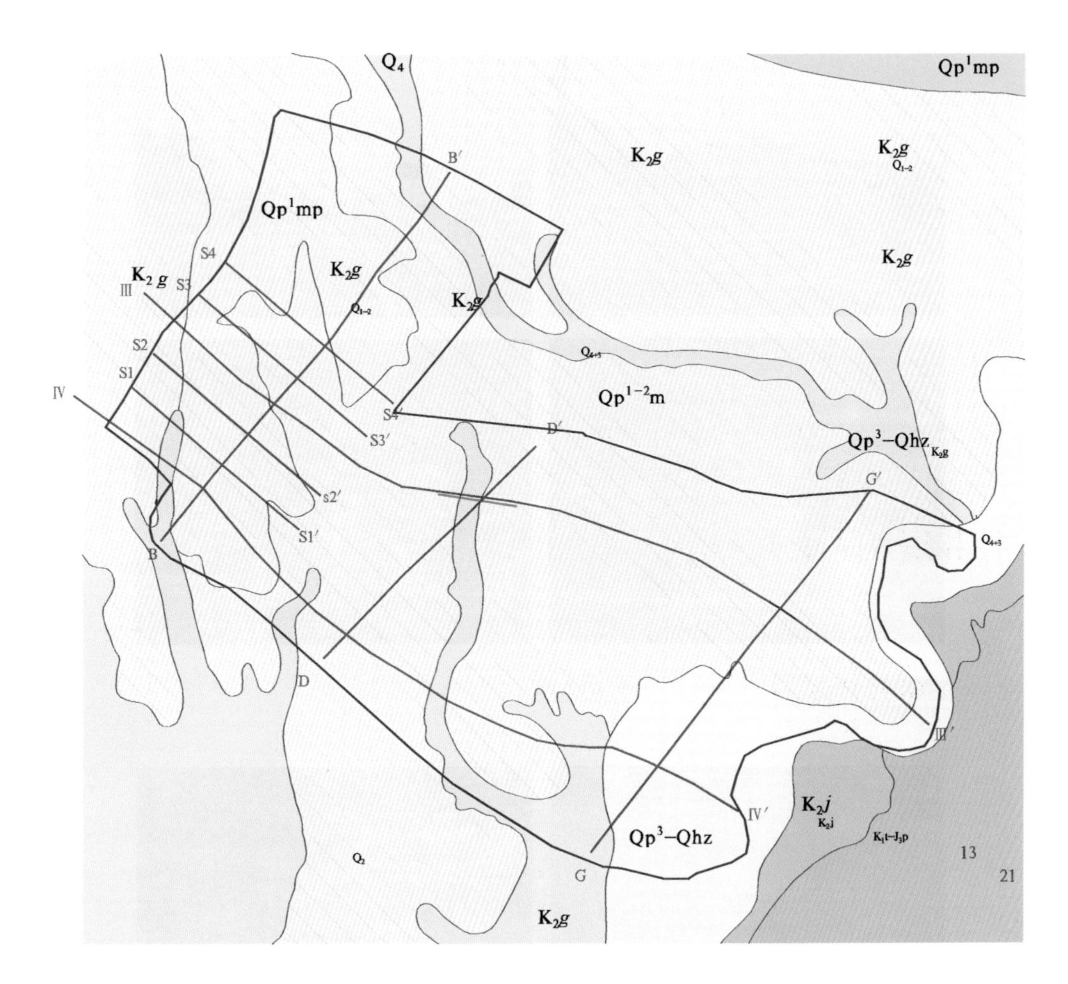

图 1-3-5 工区地表地层分布示意图

（1）表层地震地质条件

①工作区地表地质条件

工作区表层地震地质条件相对简单（图 1-3-6），测线激发地表为剑南大道辅道和生物城自行车道水泥路面；接收条件为道路边绿化带、水泥地。出露地层主要为第四系沉积。

②丘陵区地表地质条件

丘陵区地表层地震地质条件相对简单（图 1-3-7），测线激发地表为第四系牧马山组；接收条件为庄稼地、农田、林地。出露地层主要为第四系沉积。

图 1-3-6 工作区公路典型表层地震地质条件

图 1-3-7 工作区丘陵区典型表层地震地质条件

（2）中深层地震地质条件

2018 年，邻区实施了城市地下空间浅层地震勘探。从折射波层析反演结果看，第四系厚度在 5~23 m，微风化基岩定界面的埋深在 30~45 m（图 1–3–8）。从反射波成果剖面看（图 1–3–9），除局部地段外，其他地段均能获得较高信噪比和分辨率的地层反射信息，中深部地震地质条件较好。

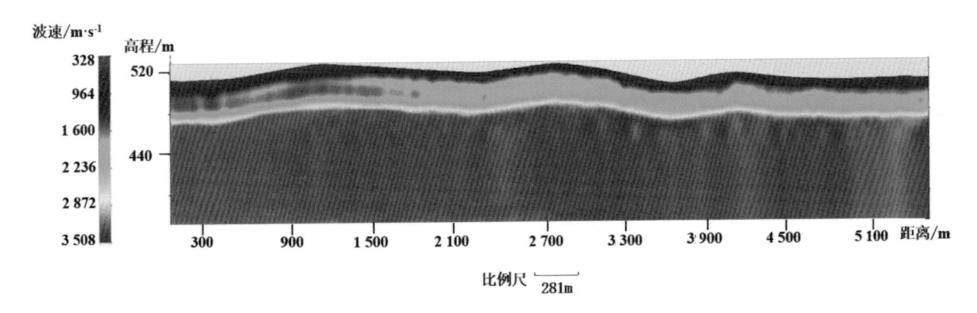

图 1–3–8 邻区测线层析反演示意图

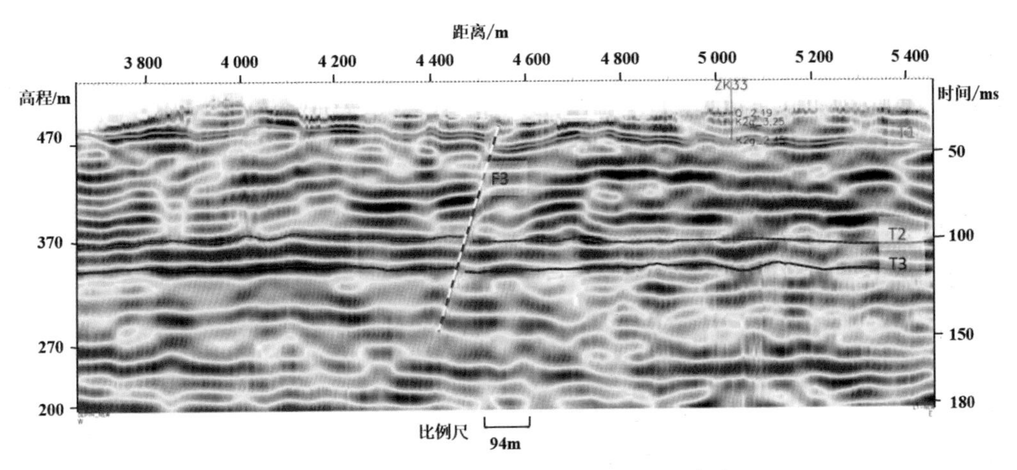

图 1–3–9 邻区测线地震解释剖面（局部）

2）震源试验

本次二维浅层地震勘探工作一部分沿街道硬化路面布设，另一部分穿过林地、农田。针对城镇地区沿道路布设的测线，进行了伪随机信号震源、变频震动式震源和可控震源的路面激发对比试验；在丘陵地区，进行了鞭炮震源激发试验。

（1）城镇地区硬化路面激发震源

在生物城 S Ⅲ试验剖面其中一段进行了伪随机信号震源、变频震动式震源和可控震源的对比试验。

震源对比试验测线 120 m，道间距 2 m，60 道接收，单边激发。获得的单炮记录如图 1-3-10 所示。

（a）伪随机信号震源

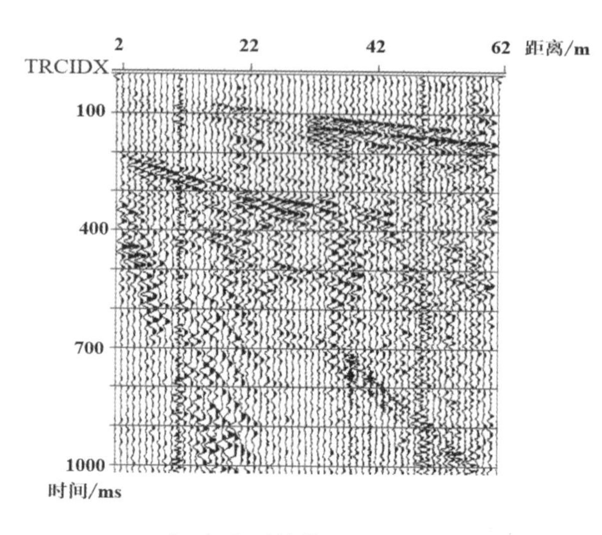

（b）典型单炮记录

（c）变频震动式震源

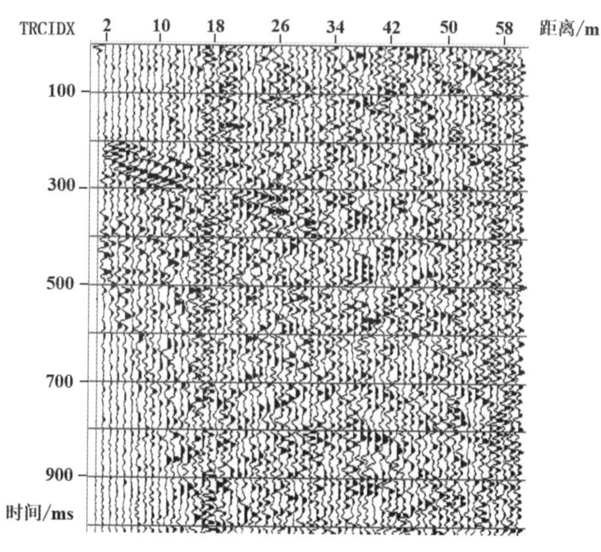

（d）典型单炮记录

（e）可控震源

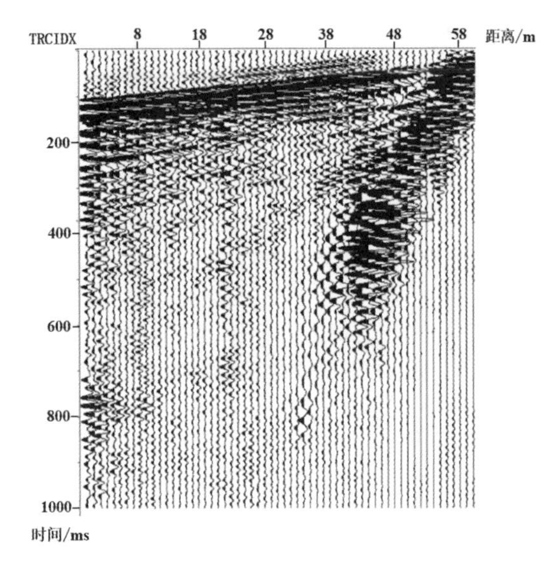

（f）典型单炮记录

图 1-3-10 各震源及其单炮记录对比

伪随机信号震源的扫描信号频带较宽，但震动频率由人工操作来实现，操作比较困难，且震源能量较弱；变频震动式震源的震动操作相对容易，但其扫描信号频带较窄，不能实现变频扫描，获得的资料信噪比很低；可控震源的扫描信号频带容易控制，操作便捷，且震源能量较大。从单炮记录对比来看，可控震源激发获得的原始单炮波组能量最强，波组特征最为明显，对干扰的压制效果更为突出。

综上，最终选择了可控震源作为本次浅层地震城镇硬化路面的震源。

（2）丘陵地区软土激发震源

本次二维浅层地震勘探工作一部分穿过林地、农田，无法继续使用可控震源激发。同时，工作区人口密集，测线经过村镇较多，不适宜采用传统炸药震源激发。针对这种情况，在生物城Ⅲ－Ⅲ'测线进行了鞭炮震源激发试验，以及与可控震源对比试验。图 1-3-11 为鞭炮震源及其施工地表条件。

在试验段开展了可控震源与鞭炮震源对比工作，通过两者的单炮资料对比（图 1-3-12），可以看出，可控震源激发声波较弱，鞭炮震源声波较强；从单炮记录频率上看，鞭炮震源作为脉冲信号震源，频率信息比可控震源更为丰富；从单炮记录信噪比看，鞭炮震源对应的单炮记录信噪比高于可控震源。

图 1-3-11 鞭炮震源（左）与可控震源（右）对比试验

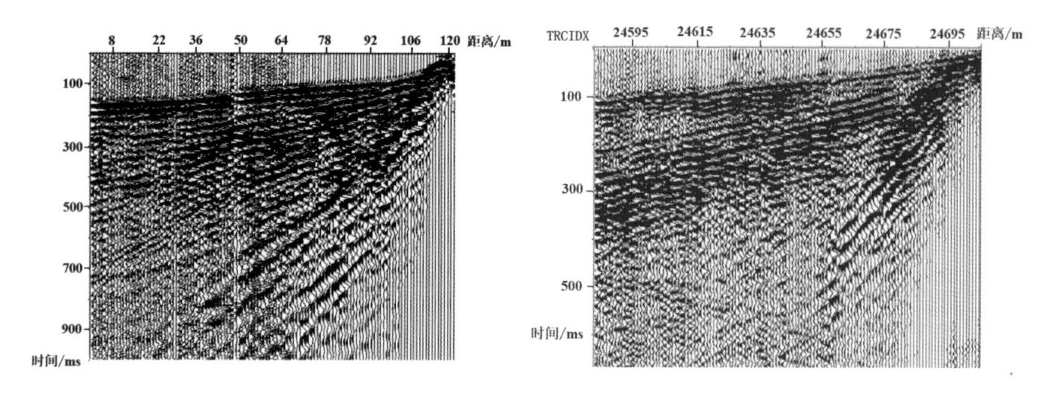

图 1-3-12 鞭炮震源（左）与可控震源（右）单炮记录对比

3）检波器选择

由于城市浅层地震勘探中有效波的主频较高，采用 60 Hz 检波器能够突出浅部信号强度及分辨率，满足地质要求。另外，60 Hz 检波器性能更稳定，有助于提高生产效率，而低频检波器（10~38 Hz 检波器）易坏、雨季施工易出现漏电，造成设备损坏、降低生产效率，不利于城市施工。本次浅层地震工作采用 60 Hz 检波器。

4）观测系统参数论证

（1）分辨率

根据纵向分辨率的计算公式：

$R_v = V_{int} / (4 f_{max})$ （1.3.1）

式中：R_v 为纵向分辨率；V_{int} 为目的层的层速度；f_{max} 为目的层的最高频率。

利用这一关系式可以估计各目标层的纵向分辨率。

目的层速度为 2 000 m/s 时，当目的层最高频率为 25 Hz 时，可分辨地层的最小厚度为 20 m；当目的层最高频率为 50 Hz 时，可分辨地层的最小厚度为 10 m。

（2）CMP 间隔和道间距

在二维地震勘探中，合理选择道距既会减少野外采集费用又可以保证接收到的地震波在二维空间的频率，限制假频干扰，提高成像质量，提高地震资料横向分辨率，控制小的地质异常。从最高无混叠频率出发，CMP 间距大小取决于：

①不能出现空间假频；

②勘探地质目标的大小。

其限制条件之一是不能出现空间假频，即地下 CMP 网格密度必须满足空间采样定律要求：

水平界面反射 CMP 点距大小由下式确定：

$$b_x \leqslant V_{rms}/(4f_{max}) \qquad b_y \leqslant V_{rms}/(4f_{max}) \qquad (1.3.2)$$

式中：b_x、b_y 为 CMP 点距；V_{rms} 为均方根速度，f_{max} 为反射波最高频率。当 $b_x=b_y$ 时，是正方形面元；当 $b_x \neq b_y$ 时，为矩形面元。

为了保证陡倾构造的正确成像，在计算面元的尺寸时，还应当把地层倾角因素的影响考虑进去：

$$b_x \leqslant \frac{V_{rms}}{4f_{max} \cdot \sin\theta_x} \qquad b_y \leqslant \frac{V_{rms}}{4f_{max} \cdot \sin\theta_y} \quad (1.3.3)$$

式中：b_x、b_y 为 CMP 点距；θ_x、θ_y 为地层视倾角；V_{rms} 为均方根速度，f_{max} 为反射波最高频率。

CMP 间距大小的限制条件之二是横向分辨率。两个绕射点的距离若小于最高频率的一个空间波长，它们就不能分辨，一般在一个优势频率的波长内取 2 个样点，根据经验，这样面元边长可以表示为：

$$b_x \leqslant \frac{V_{int}}{2 \cdot f_p} \qquad (1.3.4)$$

式中：b_x 为 CMP 点距；V_{int} 为层速度；f_p 为反射波优势频率。

而道距大小一般选取 2 倍 CMP 间距大小，即：

$$\Delta x = 2b_x \qquad y \quad 2b_x \qquad (1.3.5)$$

二维地震中，只需要考虑 CMP 点距 b_x 和道距。此次浅层地震设计道间距为 5 m。在满足设计理论的基础上，选择更小的 CMP 点距和道间距，以获得更高的横向分辨率。最终选取 CMP 点距 1 m、道间距 2 m。

5）炮检距

最小炮检距的设计应该使得最小炮检距 X_{min} 足够小，以便能对浅反射面有适当的采样。因此，此次选择二维浅层地震最小炮检距为 0。

最大炮检距的设计考虑的因素较多，最大炮检距 X_{max} 的选择应遵循以下原则：

（1）满足最大勘探深度；

（2）压制直达波；

（3）压制折射波；

（4）应小于深层临界折射炮检距；

（5）应满足速度分析精度的要求。

此次二维浅层地震探测深度 300 m，按经验选取的排列长度为探测深度的 0.8~1.2 倍。本次采用 240 m 的排列长度，虽然增加了炮点数，一定程度上延缓了生产进度，

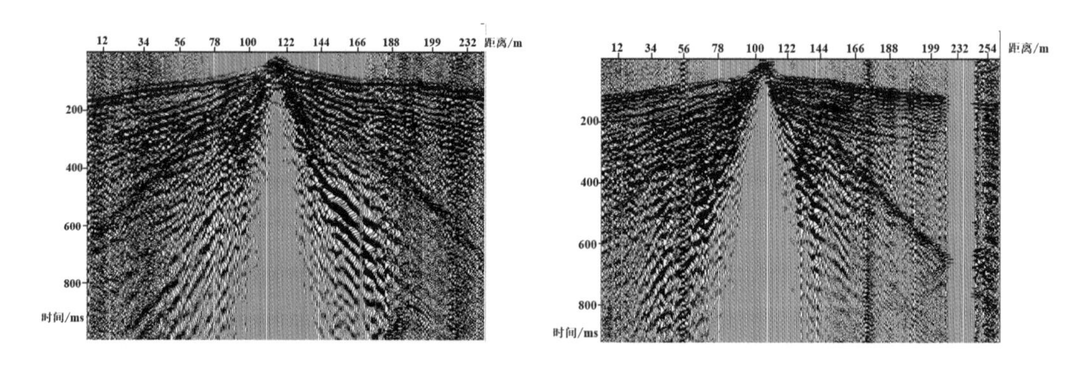

（a）排列长度为 240 m 的单炮记录　　（b）排列长度＞ 240 m 的单炮记录

图 1-3-13 原始单炮记录

但能够尽可能地提高资料品质。现场施工时，当遇到桥梁、铁路、十字路口、施工工地等障碍物时，采用加长排列的方式，补充地下覆盖区域（见图 1-3-13）。

6）覆盖次数

根据此次二维浅层地震设计，覆盖次数为 12~24 次。为获得更高质量的地震记录，城镇沿道路布设测线实际选取覆盖次数 40 次。对于丘陵地区，由于地形变化较大，与公路上施工采用同样的覆盖次数将严重降低施工效率；但丘陵地区干扰较小，可适当降低覆盖次数要求，故实际选取覆盖次数 30 次。

综上，此次二维浅层地震实际选取的参数为道间距 2 m，排列长度 240 m，城镇地区覆盖次数 40 次，丘陵地区覆盖次数 30 次。

7）采集参数试验

（1）可控震源采集参数试验

根据项目目标任务及工作区地表、地下地震地质条件，针对可控震源的激发试验参数如表 1.3-2 所示。

表 1-3-2 可控震源激发试验参数

序号	试验内容	震动台次	扫描长度 / s	扫描频率 / Hz	震动幅度 / %	炮数
1	震动台次试验	1 台 1 次	10	10~100	70	1
		1 台 2 次				1
		1 台 3 次				1
		1 台 4 次				1
		1 台 6 次				1
2	扫描频带试验	1 台 2 次	10	10~80	70	1
				10~100		1
				10~110		1
				10~120		1
				10~160		1

续表

序号	试验内容	震动台次	扫描长度 / s	扫描频率 / Hz	震动幅度 / %	炮数
3	扫描长度试验	1 台 2 次	8	10~100	70	1
			10			1
			12			1
			14			1
			16			1
4	驱动功率试验	1 台 2 次	10	10~100	40	1
					50	1
					60	1
					70	1
					80	1
合计						20

（2）震动次数试验

图 1-3-14 ~ 图 1-3-18 分别为震动次数 1 次、2 次、3 次、4 次、6 次的单炮记录。其他参数相同，扫描频率 10~100 Hz，震动幅度 70%，扫描长度 10 s。通过原始记录分析，

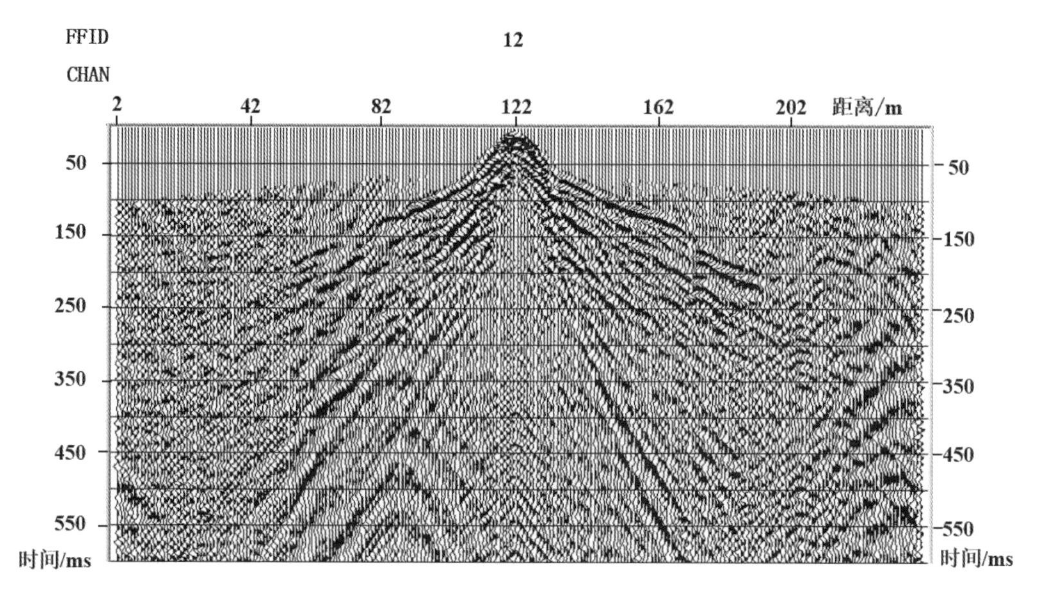

图 1-3-14 原始单炮记录（震动次数 1 次）

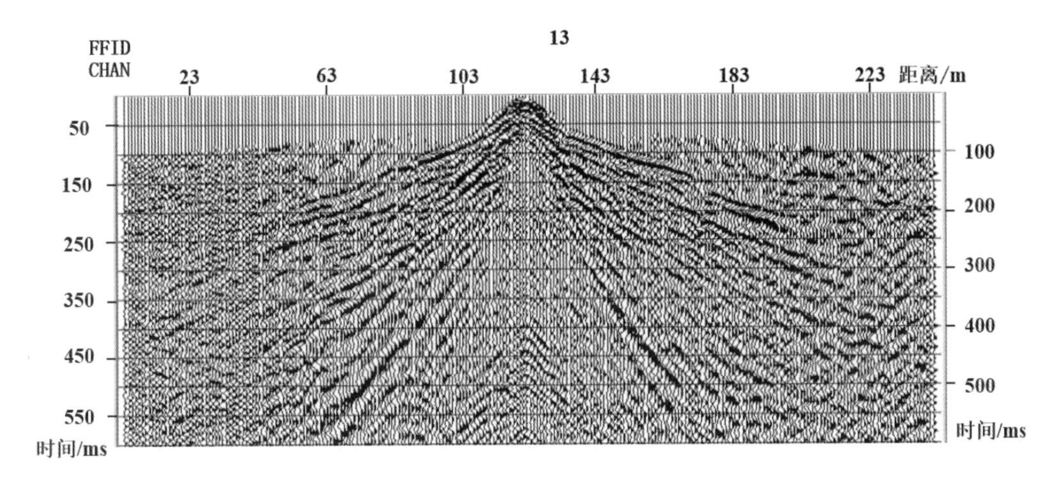

图 1-3-15 原始单炮记录（震动次数 2 次）

1 次震动记录受环境干扰影响较大，单炮记录出现其他无关震源的情况，2 次震动记录得到了明显改善，而 2 次以上震动次数虽然单炮记录质量也有所提高，但是震动次数过多,时间过长,受到其他干扰的可能性越大,因此本次浅层地震工作震动次数选择2次。

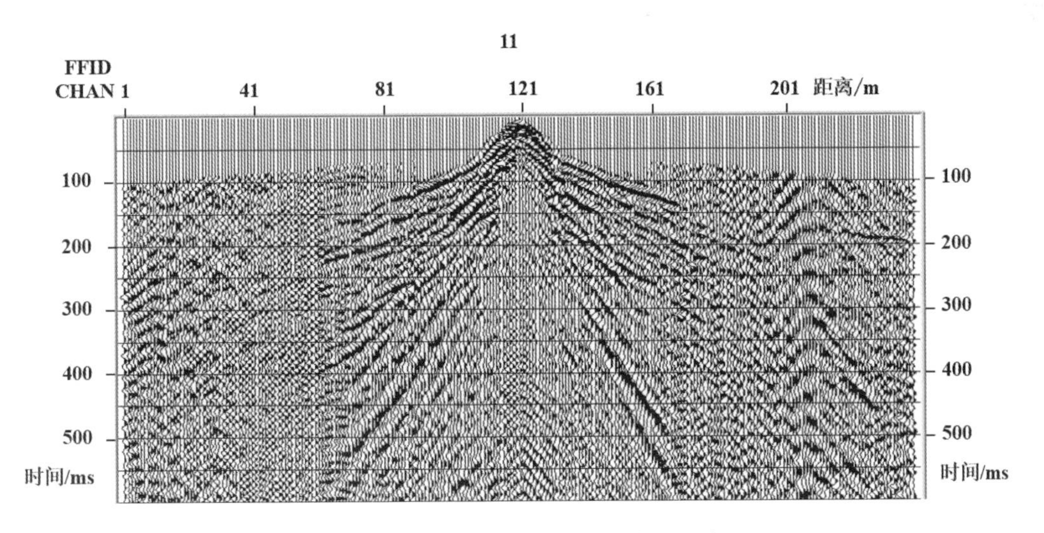

图 1-3-16 原始单炮记录（震动次数 3 次）

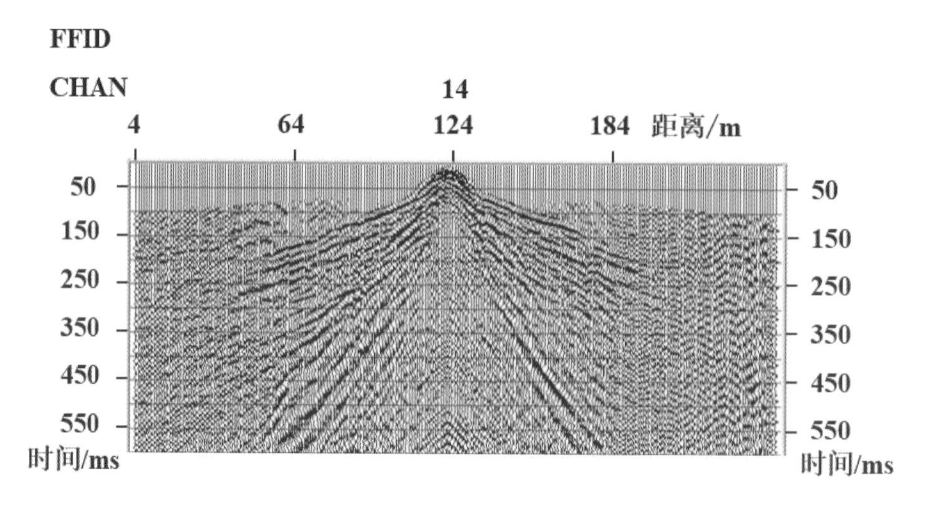

图 1-3-17 原始单炮记录（震动次数 4 次）

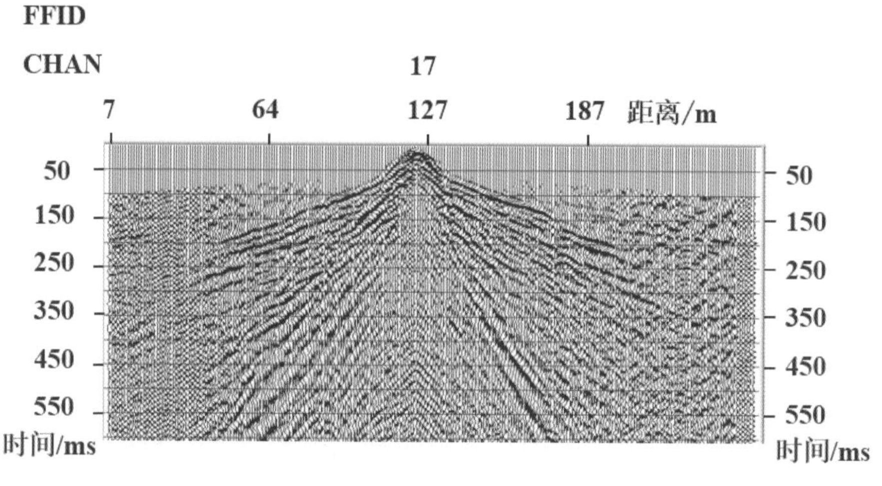

图 1-3-18 原始单炮记录（震动次数 6 次）

（3）扫描频带试验

图 1-3-19 至图 1-3-23 分别为扫描频率范围 10~80 Hz、10~100 Hz、10~110 Hz、10~120 Hz、10~160 Hz 对应的单炮记录，其他参数不变，震动次数 2 次、扫描长度 10 s、驱动功率 70%。通过原始单炮记录分析，扫描频率范围 10 Hz–100 Hz 对应的单炮记录较好，更高频率的单炮记录基本没有差异。

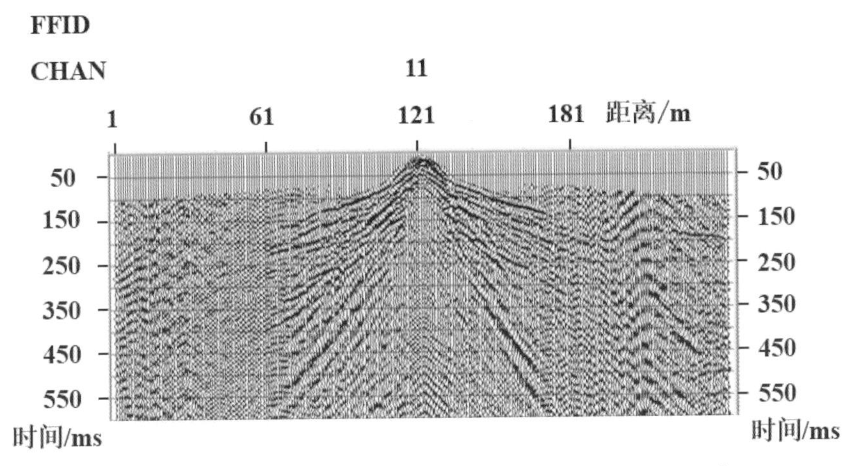

图 1-3-19 原始单炮记录（扫描频带范围 10~80 Hz）

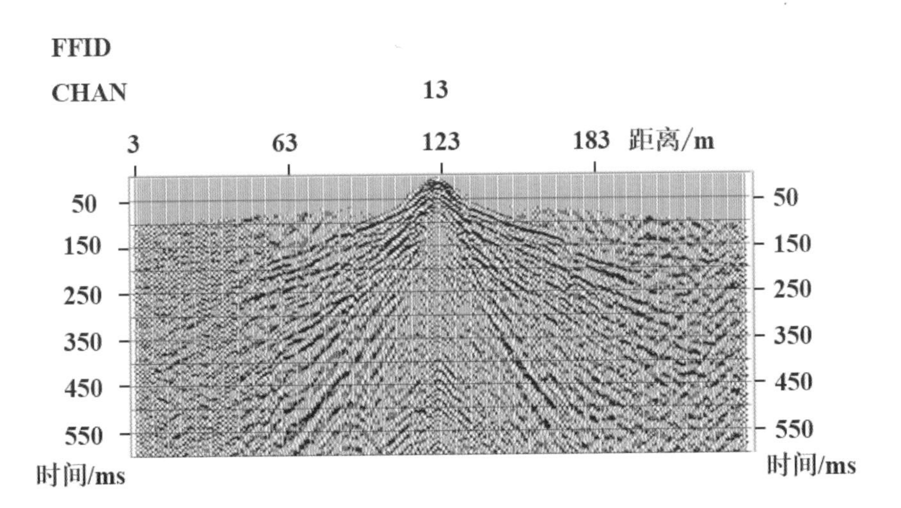

图 1-3-20 原始单炮记录（扫描频带范围 10~100 Hz）

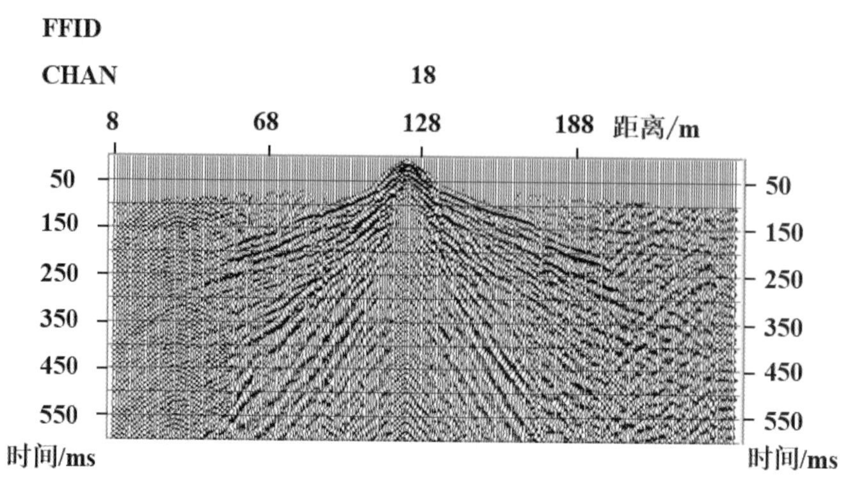

图 1-3-21 原始单炮记录（扫描频带范围 10~110 Hz）

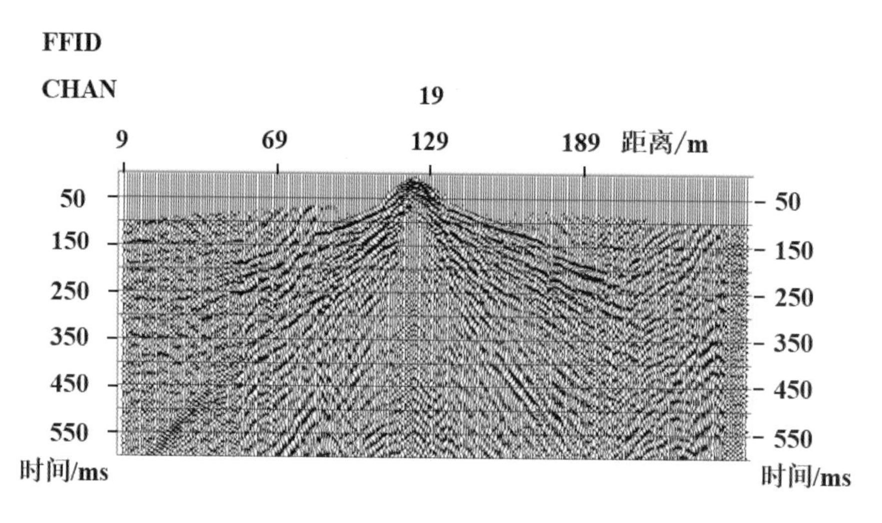

图 1-3-22 原始单炮记录（扫描频带范围 10~120 Hz）

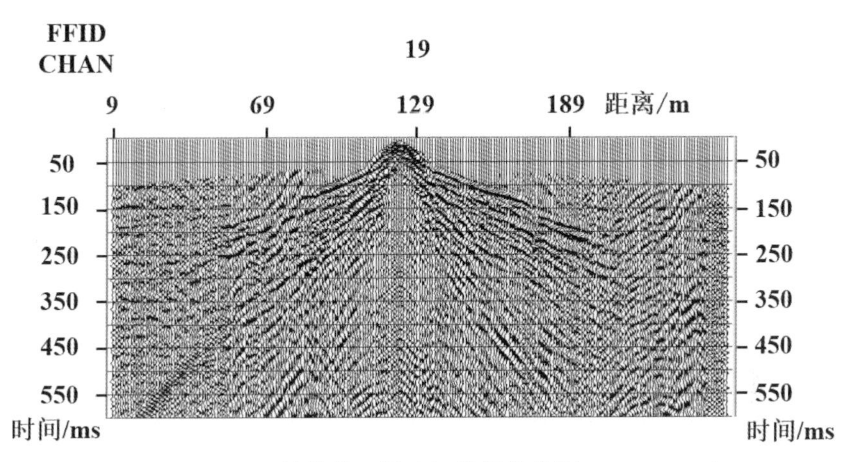

图 1-3-23 原始单炮记录（扫描频带范围 10~160 Hz）

（4）扫描长度试验

图 1-3-24 至图 1-3-28 分别为扫描长度 8 s、10 s、12 s、14 s、16 s 对应的单炮记录，其他参数不变，震动次数 2 次，扫描频率范围 10~100Hz，驱动功率 70%。经分析，扫描长度 10 s 对应的单炮质量效果相对较好，选择扫描长度为 10 s。

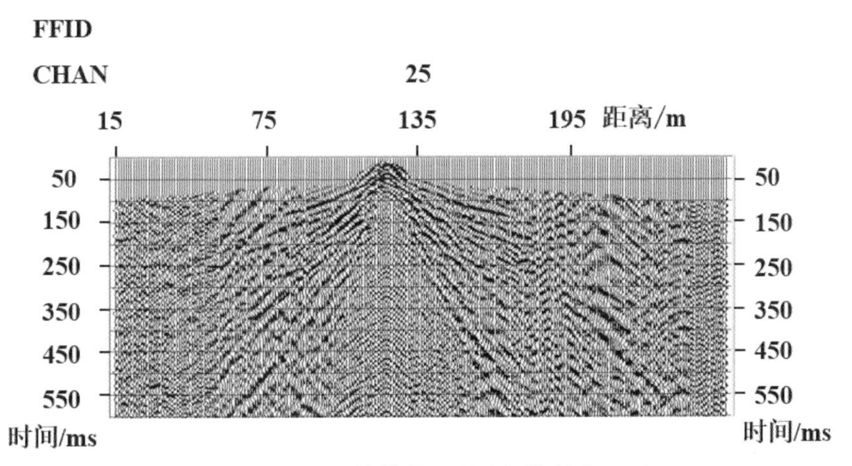

图 1-3-24 原始单炮记录（扫描长度 8 s）

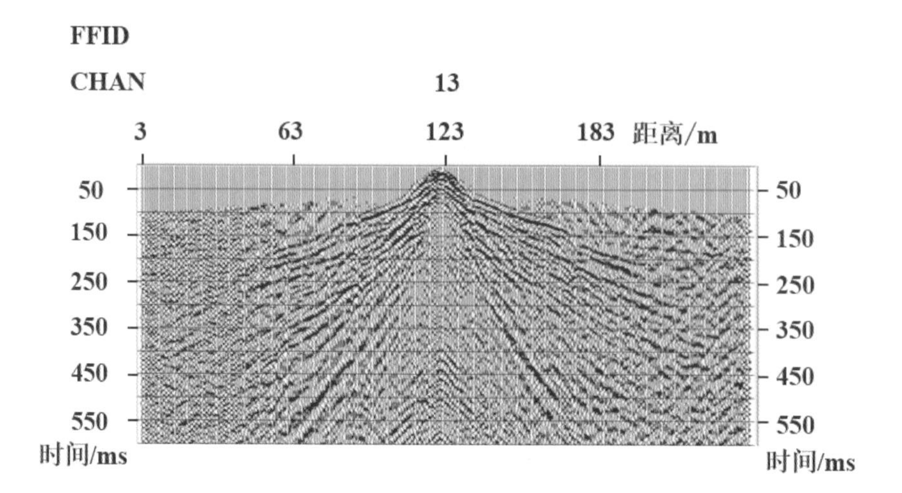

图 1-3-25 原始单炮记录（扫描长度 10 s）

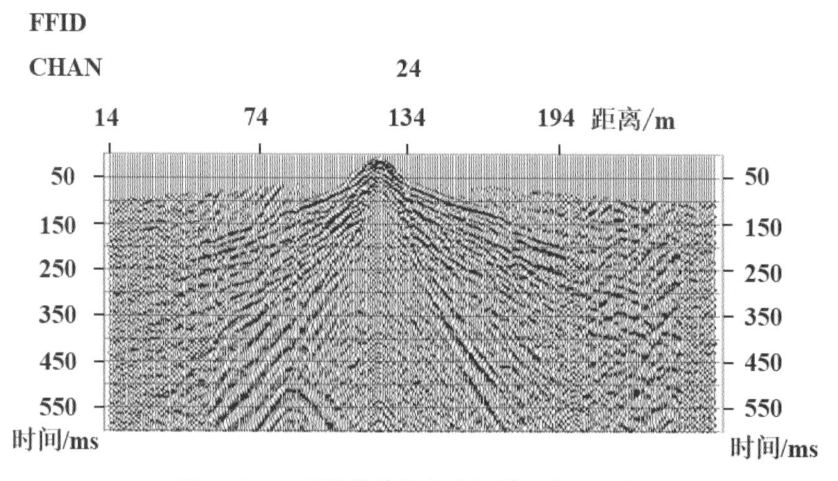

图 1-3-26 原始单炮记录（扫描长度 12 s）

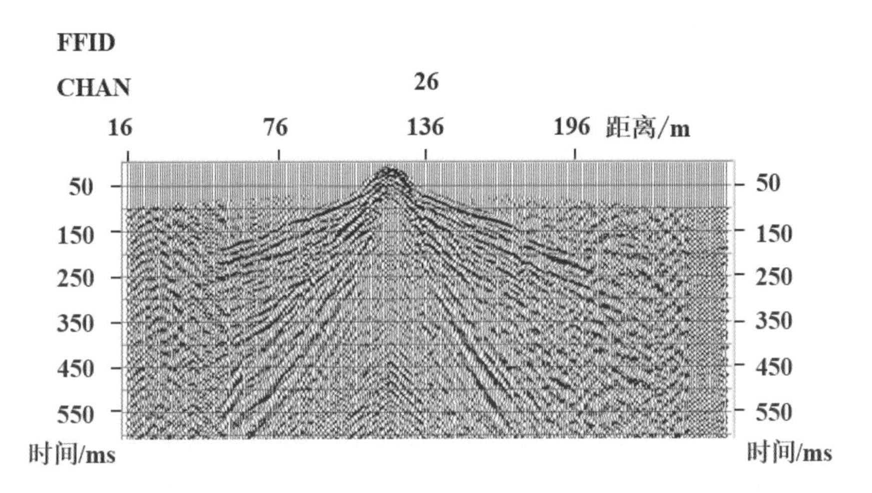

图 1-3-27 原始单炮记录（扫描长度 14 s）

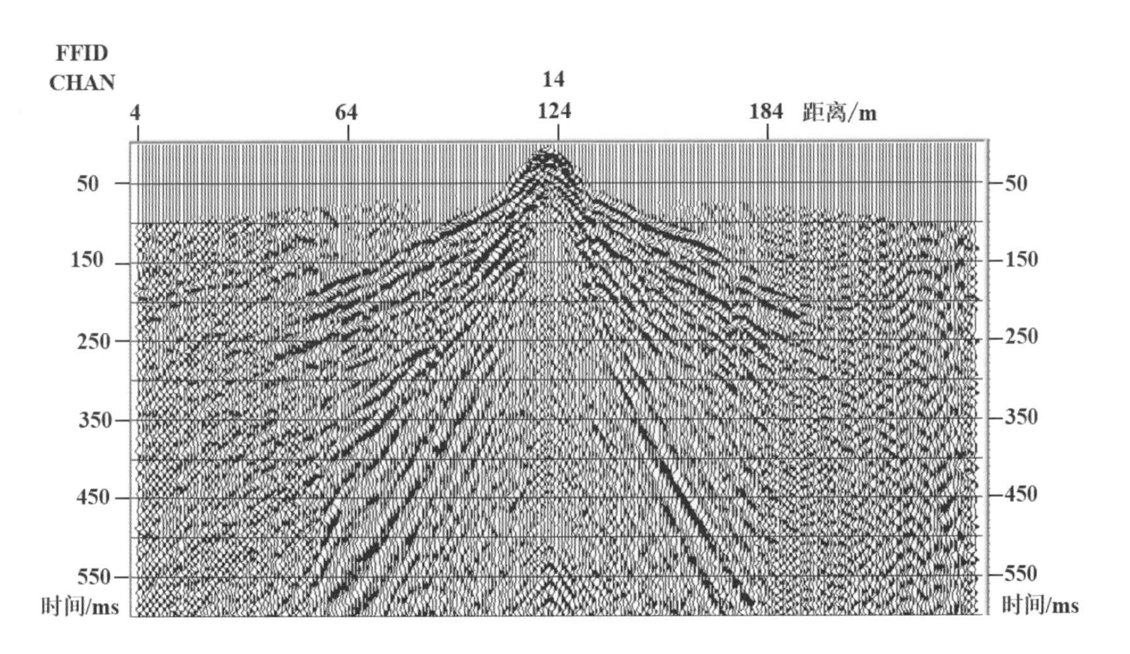

图 1-3-28 原始单炮记录（扫描长度 16 s）

（5）驱动功率试验

图 1-3-29 至图 1-3-33 分别为驱动功率 40%、50%、60%、70%、80% 对应的单炮记录，其他参数不变，震动次数 2 次，扫描频率范围 10~100 Hz，扫描长度 10 s。通过原始单炮记录分析，驱动功率基本与单炮质量成正比，驱动功率 70% 与 80% 的资料质量基本没有差异，在考虑设备持续性使用的基础上，选择驱动功率 70%。

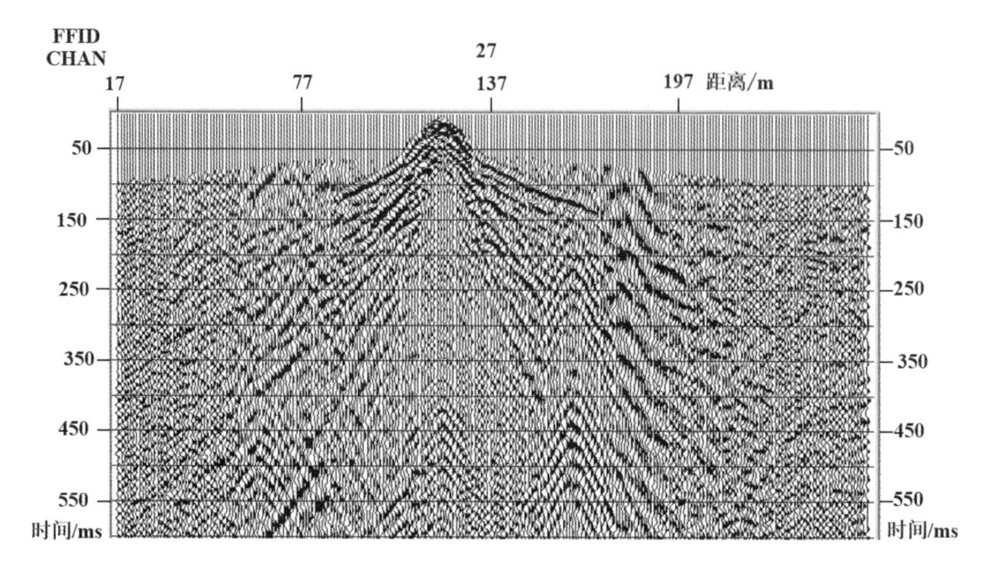

图 1-3-29 原始单炮记录（驱动功率 40%）

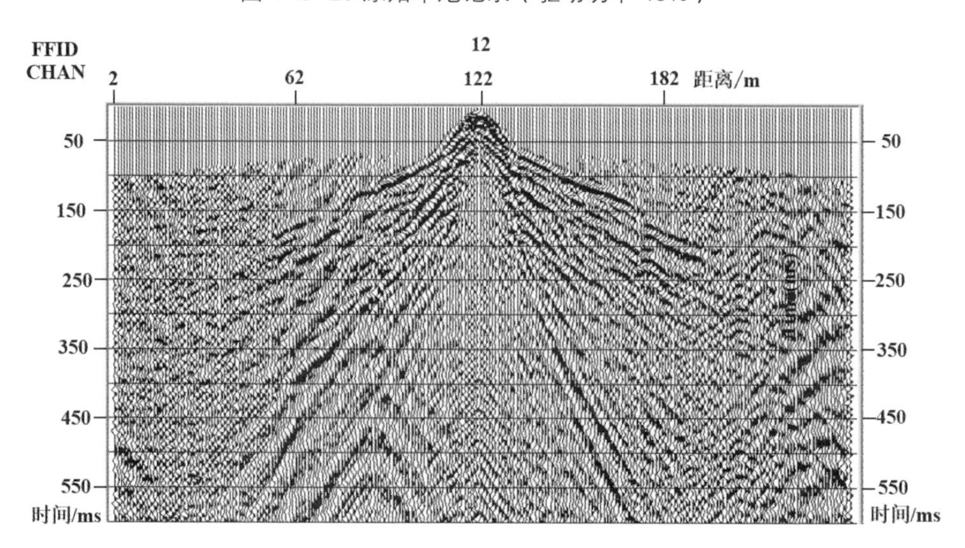

图 1-3-30 原始单炮记录（驱动功率 50%）

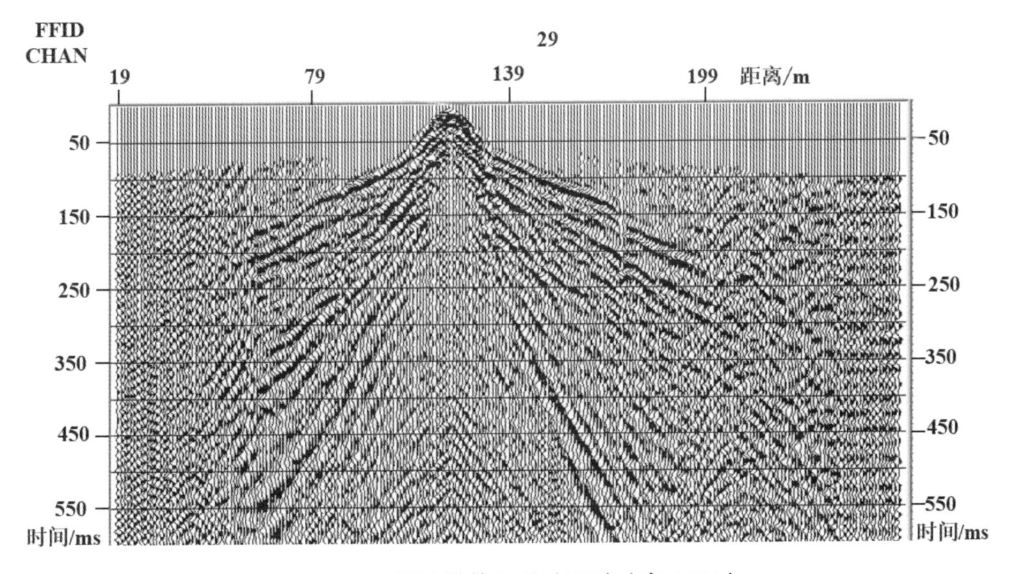

图 1-3-31 原始单炮记录（驱动功率 60%）

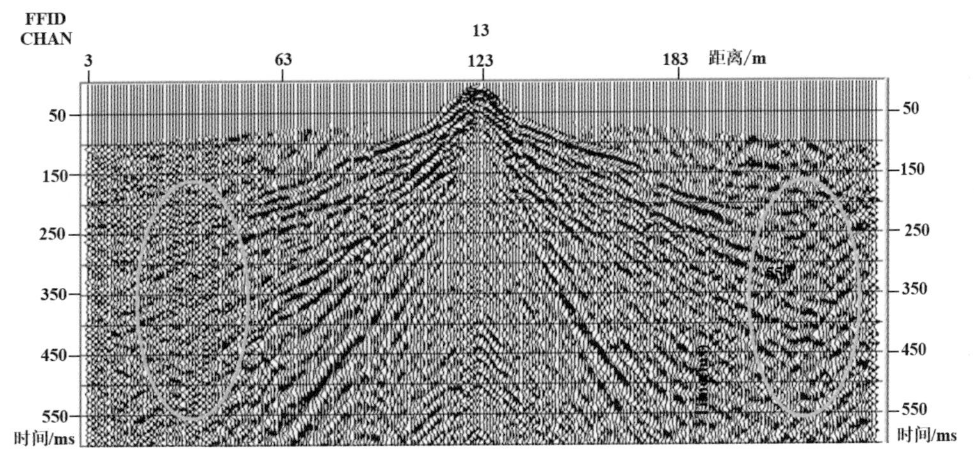

图 1-3-32 原始单炮记录（驱动功率 70%）

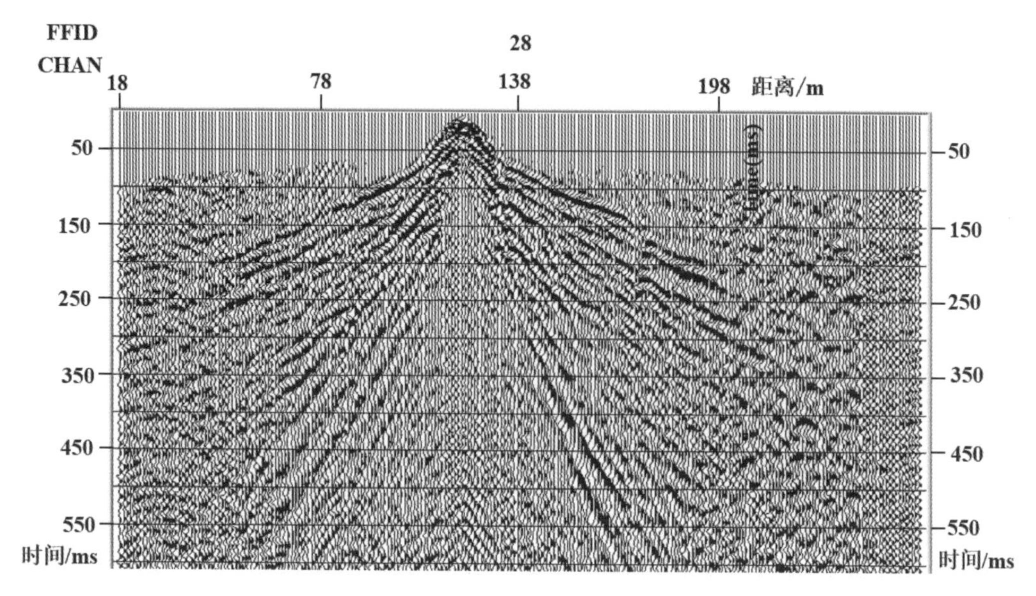

图 1-3-33 原始单炮记录（驱动功率 80%）

经综合分析，最终确定可控震源激发参数为：震动次数为 2 次；扫描起始频率至终了频率为 10~100 Hz；扫描长度为 10 s；驱动功率为 70%。

（6）鞭炮震源采集参数试验

根据项目目标任务及工作区地表、地下地震地质条件，针对鞭炮震源的激发试验参数如表 1-3-3 所示。

表 1-3-3 鞭炮震源激发试验参数

序号	试验内容	炮孔深度 / m	鞭炮药量 / g	炮数
1	炮孔深度试验	0.2	200	1
		0.5		1
		0.8		1
		1.0		1
		1.2		1

续表

序号	试验内容	炮孔深度 / m	鞭炮药量 / g	炮数
2	鞭炮药量试验	1.0	50	1
			100	1
			150	1
			200	1
			300	1
合计				10

①炮孔深度试验

图 1-3-34 为炮孔深度 0.2 m、0.5 m、0.8 m、1.0 m、1.2 m 对应的单炮记录。通过原始记录分析，随炮孔深度增加，单炮记录声波能量降低，炮孔深度 1.0 m 和 1.2 m 对应的单炮记录无明显差异，最终选择炮孔深度 1.0 m。

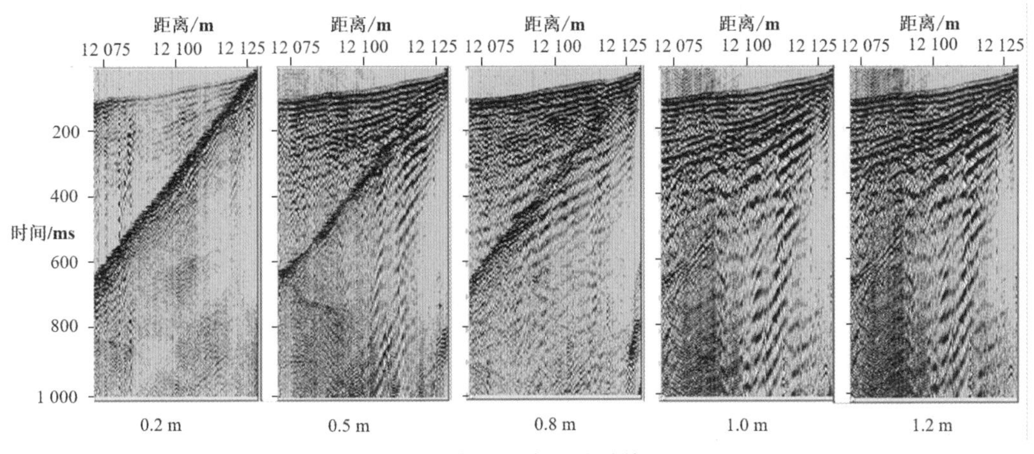

图 1-3-34 不同炮孔深度原始单炮记录对比

②鞭炮药量试验

图 1-3-35 为鞭炮药量 50 g、100 g、150 g、200 g、300 g 对应的单炮记录。通过原始记录分析，随药量增加，单炮记录能量增加，200 g 与 300 g 无明显差异，选择鞭炮激发药量为 200 g。

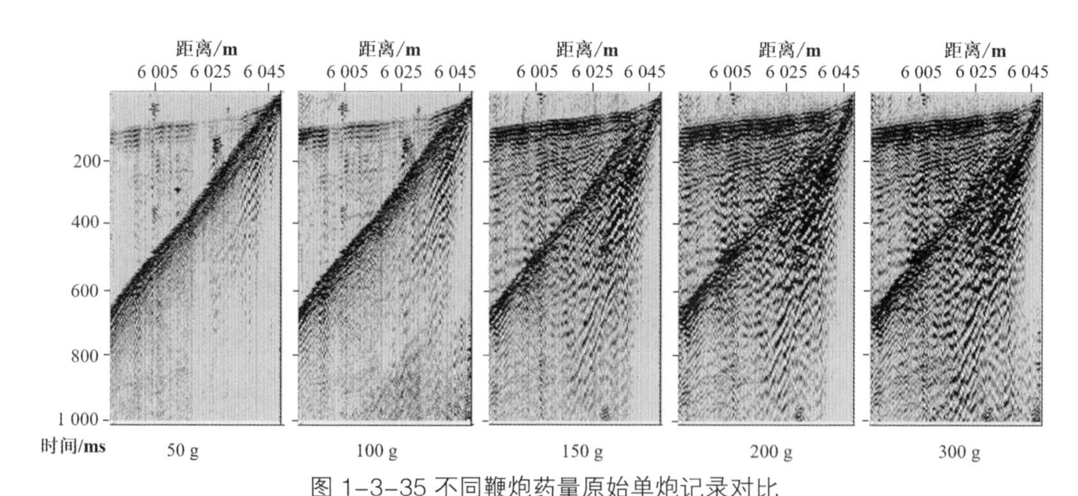

图 1-3-35 不同鞭炮药量原始单炮记录对比

综上分析，最终确定鞭炮震源激发参数为：炮孔深度 1.0 m，鞭炮药量 200 g。

8）低降速带调查

利用国际生物城Ⅲ－Ⅲ'测线层析反演的成果（见图 1-3-36）可知，Ⅲ－Ⅲ'测线第四系黏土层深度范围为 0~21 m，厚度范围为 0~21 m，速度低于 1 000 m/s；白垩系强风化层深度范围为 2~28 m，厚度范围为 1~8 m，速度为 1 000 ~ 2 200 m/s。整体上看，Ⅲ－Ⅲ'测线上第四系黏土层东边厚西边薄，白垩系风化层厚度变化较小。

9）试验结论

通过震源试验，观测系统参数论证，可控震源的扫描频率、扫描长度、震动次数和驱动功率参数试验以及鞭炮震源的药量试验，获得了以下结论（见表 1.3-4）：

（1）震源：针对公路上的测线段（Ⅲ－Ⅲ'测线和 G-G' 测线，以及Ⅳ－Ⅳ'线白果路段），选择可控震源激发，丘陵区（B-B' 测线，D-D' 测线，以及Ⅳ－Ⅳ'线，S1-S1' 测线，S2-S2' 测线，SⅢ-SⅢ'测线，S4-S4' 测线）选择鞭炮震源激发。

（2）震源参数

可控震源：试验确定可控震源的施工参数选择为：扫描频率 10~100 Hz，震动次数 2 次，扫描长度 10 s，驱动功率 70%。

鞭炮震源：试验确定鞭炮震源药量采用 200 g，炮孔深度选择 1 m。

（3）接收：接收检波器采用 60 Hz 高频检波器，选择 3 串检波器组合压制干扰波。

（4）观测系统：可控震源施工地段，排列长度选择 240 m，道距 2 m，炮间距 6 m，

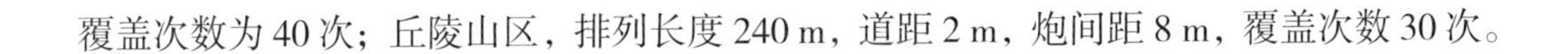

覆盖次数为 40 次；丘陵山区，排列长度 240 m，道距 2 m，炮间距 8 m，覆盖次数 30 次。

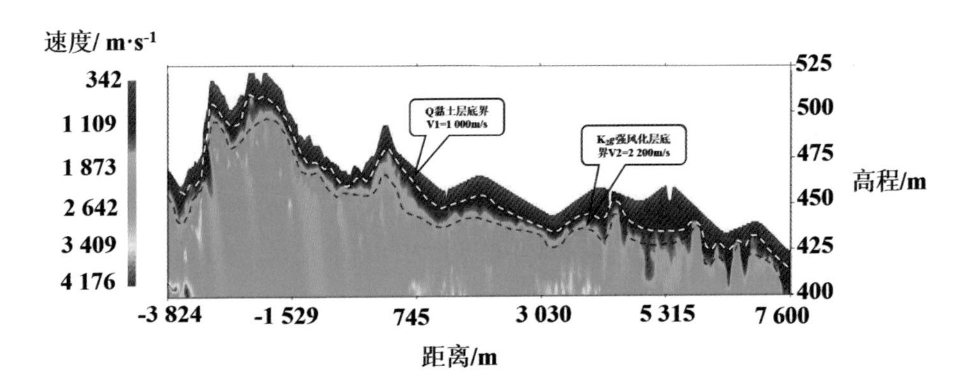

图 1-3-36 Ⅲ – Ⅲ’ 线第四系黏土层及白垩系强风化层展布情况

表 1-3-4 国际生物城震源和接收参数表

采集内容	类型	施工参数			
震源	可控震源	震动次数	扫描长度 / s	扫描频率 / Hz	驱动功率
		2	10	10–100	70%
	鞭炮	药量 / g		炮孔深度 / m	
		200		1.0	
接收道	检波器	60 Hz			

1.3.6 混合源面波

1）方法选择依据

混合源面波勘探指主动源和被动源联合的一种瑞雷波勘探。

瑞雷面波是在近地表传播的地震波，在传播过程中其振幅随深度衰减，其能量几乎全部集中在地表下一个波长深度内。同一波长瑞雷波的传播特性反映地质条件在水平方向的变化，不同波长瑞雷波的传播特性反映不同深度的地质情况。在地表采集，通过振幅谱分析和处理，并获得频散曲线，进而划分地层。

主动源面波勘探即为常规的瞬态面波法勘探，通过锤击或落重等震源激发，在地表按一定的距离间隔布置检波器，排成一排，构成接收排列。每次激发、接收完成一个测点的数据采集，形成一个地震面波记录，测点位置位于接收排列的中点位置，反映接收排列范围内综合信息，归位于测点位置。整个排列向前滚动，完成所有测点的数据采集。通过提取面波频散曲线，生成二维速度剖面，分析地层岩性及地质构造。

被动源面波勘探以自然界存在的震动和人文活动形成的振动作为震源的一种勘探方法。在地表每个测点位置布设观测台阵采集数据，采用空间自相关法分析天然面波的频散特性进行地层划分及地质构造解译。

主动源面波勘探的探测深度受到震源能量和排列长度的限制，勘探深度较浅，但对浅部地层的分辨率相对较高；被动源可通过长时间观测记录，获取较强的低频信号，具有相对较大的探测深度，但其高频信号易受浅部人文干扰影响，对浅部地层分辨率相对较低。混合源面波即是采用取长补短的方式组合两种勘探方法的优点，达到探测深度与精度都较好的一种方法。

本次被动源面波法与微动法一致。

2）观测参数选择

（1）主动源面波观测参数选择

①震源选择

主动源面波设计勘探深度在 30 m 以浅，在生产前使用 8.172 kg 大锤激发，现场分析数据，提取频散曲线，进行深度换算。试验表明，锤击能量能够达到 30 m 深的勘探深度（见图 1–3–37）。

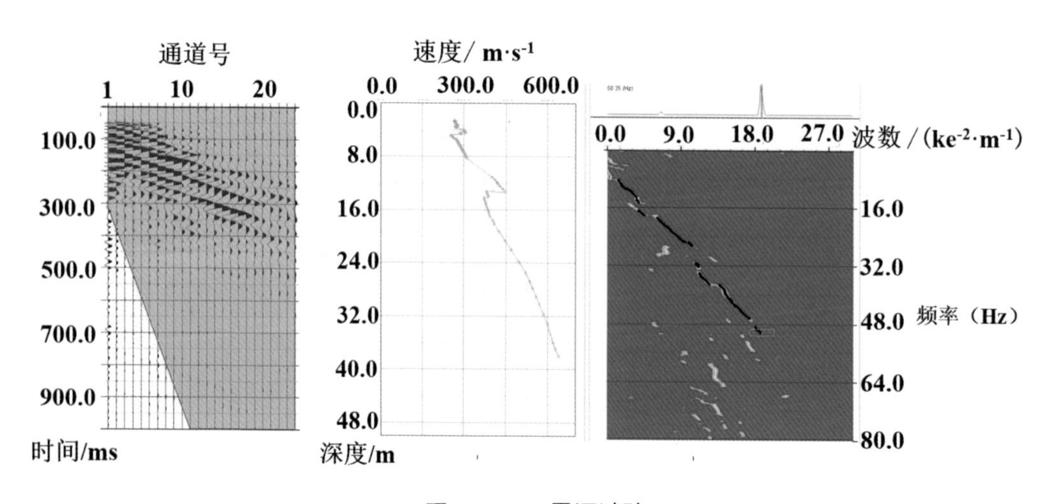

图 1–3–37 震源试验

②车辆噪声试验

车辆行驶会对面波地震记录产生一定程度的干扰。

生物城（SⅢ）存在较大车流量，生物城处于建设期重型车辆较多。重型车辆在距离接收排列 500 m 远处行驶，都会造成地震记录信噪比降低；小型车辆在距离接收排列 200 m 远处行驶，将造成地震记录信噪比降低。所以数据采集时，首先应避开交通高峰时段，同时应等待车辆行驶到足够远时才能激发采集（见图 1-3-38）。

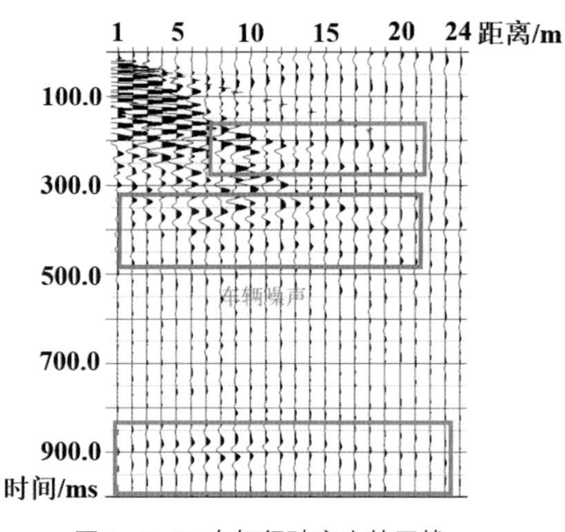

图 1-3-38 车辆行驶产生的干扰

③参数试验

在生物城展开参数（偏移距、道间距、采样间隔、记录长度等）选择试验，根据主动源面波设计勘探深度，用36道检波器接收，锤击震源激发。试验参数序列如表 1-3-5 所示。

表 1-3-5 参数选择试验

道间距 / m	偏移距 / m	采样间隔 / ms	采样长度 / ms
2	4	0.125	1 000
	6		
	8		
	10		

续表

道间距 / m	偏移距 / m	采样间隔 / ms	采样长度 / ms
2.5	5	0.125	1 000
	7.5		
	10		
	12.5		
3	6	0.125	1 000
	9		
	12		
	15		

通过对试验记录分析可知，炮检距约大于 60m 后的所有道面波能量较弱，信噪比较差，不适用于记录。但根据设计探测深度，接收排列长度一般大于近 2 倍探测深度。综合考虑采集数据深度要求、精度要求、施工效率（测点距 5 m）及仪器特性（12 道、24 道、36 道接收），最终选择道间距 2.5 m，偏移距 7.5 m，采样间隔 0.125 ms，记录长度 1 000 ms 作为生产工作参数。

图 1–3–39 为道间距 2.5 m，偏移距 7.5 m，采样间隔 0.125 ms，记录长度 1 000 ms 的记录，0 增益放大。红线扫帚状区域为面波发育区域，可以看出面波同相轴较为连续，但在 23 道之后，面波能量已经很弱，面波的优势段发育在 1~23 道、0~880ms 段。如采用 24 道接收（布设两个传输线），接收排列长度达 57.5 m，能达到 30 m 深度要求，

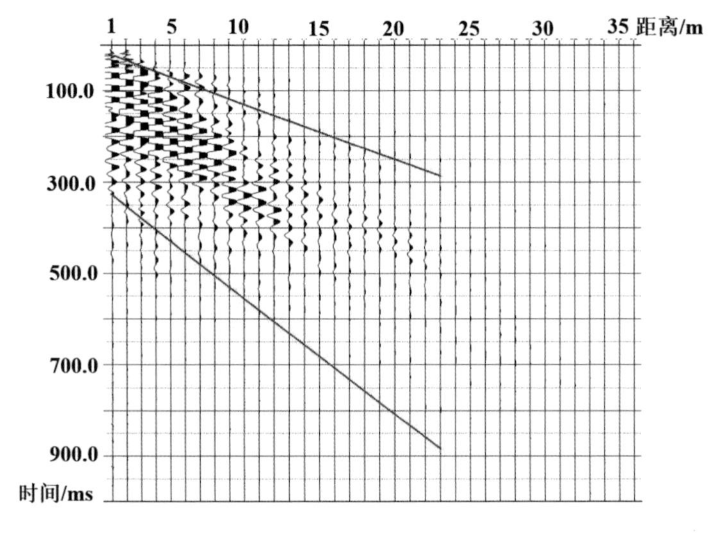

图 1–3–39 参数试验记录

同时测点距 5m，滚动采集时每次移动 2 道，可明显提高施工效率。另外，也可看出记录长度 1 000 ms 满足面波发育区域位于记录剖面中部位置。面波勘探设计勘探精度为 50 m 以浅为 10 m，采样间隔用 0.125 ms 的完全满足精度要求。

（2）被动源面波观测参数选择

被动源面波观测参数参见微动。

1.3.7 微动

1）方法选择依据

微动是基于台阵观测的天然场源微动信号，采用数据处理与分析技术提取面波（瑞雷波）频散信息，通过瑞雷波反演技术获得地下介质S波速度结构的地球物理勘探方法。

微动与被动源面波的观测方式一致，主要包括圆形台阵、L型台阵、直线型台阵等，为能够更好地适应城市地形条件及提高施工效率，针对生物城 S Ⅲ试验剖面建筑物阻挡较少，地形起伏相对较大的地表条件，宜开展圆形台阵布置的微动观测方法。

2）观测参数选择

生物城 S Ⅲ试验剖面选择在同一位置开展单重圆台阵与三重圆台阵的对比试验，单重圆半径 20 m，三重圆为 20 m，通过对采集数据的处理对比（图 1–3–40、图 1–3–41），可得到以下认识：

（1）纵向分辨率

单重圆与三重圆的观测方式，在频散曲线上能量团均比较集中。其中，单重圆能隐约见到高阶面波，但基阶面波也易于拾取，两者通过 SPAC 空间自相关法反演的面波速度曲线基本一致，以速度变化划分的界面均位于同一深度内，即二者纵向分辨率基本一致。

（2）探测深度

观测半径均为 20m 的单重圆（图 1–3–40）与三重圆（图 1–3–41）微动台阵观测系统，两者的探测深度一致，能够对 200 m 以浅的地层进行分层级结构划分，完全能够满足设计要求的 100 m 探测深度。

（3）计算的面波速度

通过对比两者观测方式的面波速度，可以看到，三重圆通过空间自相关法计算的

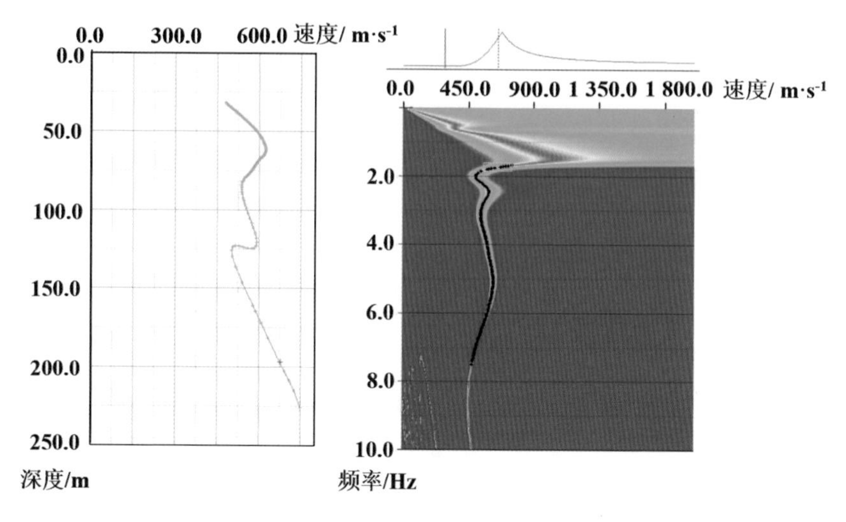

图 1-3-40 生物城 S Ⅲ试验剖面单重圆频散曲线（20 m）

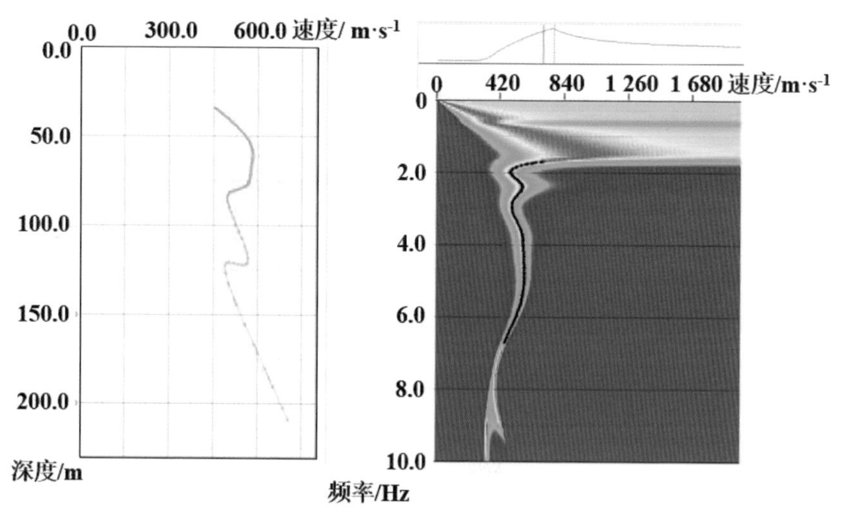

图 1-3-41 生物城 S Ⅲ试验剖面三重圆频散曲线（20 m）

面波速度相对较小，由于两者随深度变化的面波速度曲线相似，即可通过后期校正能够得到改善。

（4）台阵观测方式的选择

综合数据处理效果与野外施工效率，认为单重圆台阵观测方式在数据质量上与三重圆台阵观测方式的效果基本一致，但单重圆台阵观测方式受地形变化较小，又在施工效率上明显提高了 2 ~ 3 倍，单重圆台阵的观测方式可取代常用的三重圆观测方式，在生物城开展微动工作。

1.3.8 综合测井

综合测井主要包括放射性（自然 γ）测井、密度测井、自然电位、井温、视电阻率测井。不同测井方法采集的地球物理参数不同，所解决的地质问题有相似之处，同时也存在一定差异。

放射性（自然 γ 测井）主要用于划分砂泥岩剖面、识别高放射性地层；密度测井主要用于识别孔隙性含水层，判断井壁垮塌情况，测试地层密度；自然电位测井主要用于辅助互粉砂泥岩剖面岩性、识别含水层；视电阻率测井主要用于划分砂泥岩剖面岩性、识别含水层；井温测井用于获取地层温度、评价地温梯度。利用岩层的物性及其在测井曲线上的组合异常特征进行综合分析，判定岩性、划分地层，再综合多种参数曲线对目的层准确定性的基础上，确定目的层深度、厚度及结构。

利用综合测井方法可解决岩性识别、地层划分、含水层划分、地温梯度、岩体完整性能划分等，为水文、工程地质评价提供可靠的依据。

1.4 研究内容

本次专题研究按照目标任务将主要研究内容分解如下：

（1）基于城市复杂环境条件下，开展物探方法对比试验，并根据物探处理成果与钻探、地质调查等资料结合，优选与组合物探方法。

（2）通过工作区开展的结构探测与特殊地质体〔如软土、含膏盐（钙芒硝）泥岩、芒硝矿采空区等〕物探方法识别研究，分析针对目标地质体的物探方法识别效果与精度。

（3）在有钻孔和无钻孔约束和验证的情况下，构建基于物探资料的三维空间模型。

（4）总结专题研究成果，形成针对成都市特殊地质目标体的物探探测方法体系，建立城市物探探测标准。

1.5 关键技术措施

要完成本专题的各项研究内容，主要面临以下几个难点，同时需要相关的技术措施

难点 1：先期试验物探方法工作部署与待解决地质问题的结合

技术措施：收集和消化工区内区域、水文、工程、环境等地质资料，掌握工区内的特殊地质构造及地层情况，了解工区内亟须解决的地质问题，分区分段部署物探工作，在查阅文献和总结前人研究的基础上，选择国内外较为先进的物探方法开展试验对比工作。拟开展地面物探方法采用地质雷达、高密度电法、混合源面波法、音频大地电磁法、微动、反射波法浅层地震勘探；井下物探方法采用测井、波速测试、孔内成像。

难点 2：针对特殊地质体的物探方法优选与组合

技术措施：特殊地质体（如软土、含膏盐泥岩、采空区、隐伏构造等）分布规律差异较大，而每种物探方法在探测深度、探测精度以及抗干扰能力等方面均有局限性，综合地质调查、钻探、分析化验等多种手段，利用物探资料划分区内地质结构及构造，然后根据埋深或高程情况，将各类地质问题分区、分层处理，在各探测区内对各类物探方法开展敏感性分析，优选物探方法，并根据探测深度、精度的差异组合物探方法。

难点 3：基于物探资料的三维空间地质建模可靠性与实用性

技术措施：在有钻孔约束的前提下，利用钻孔资料精细标定物探成果，最大限度提高物探资料的分层能力，依据物探数据的连续性和客观性，通过先进函数算法对数据进行空间拟合与预测，构建基于物探的三维空间模型，利用物探与地质特征的对应关系，将物探数据模型转换为地质模型。

1.6 技术路线

本次专题研究技术路线如图 1-6-1 所示，在工作开展前，收集研究区内区域、水文、工程、环境等地质资料，同时消化和吸收前人的物探、钻探成果资料，掌握区域地质规律，确定工区可能存在的地质问题。

然后选择试验剖面开展物探方法对比试验，开展的地面物探方法主要有：浅层地震、高密度电法、大地电磁法、探地雷达、等值反磁通瞬变电磁法、混合源面波；同时，针对生物城采空区边界探测还开展了浅层地震、音频大地电磁法和高密度电法等的物

探方法对比试验。为获取钻孔地球物理资料，标定地面物探成果，辅助地层划分与相关地质问题解释，开展了孔内物探方法。孔内物探主要采用了综合测井、波速测试和孔内成像等三种方法。

通过工区最新钻探和地质调查成果的标定和验证，开展针对特殊地质体的物探方法优选与组合研究，同时利用物探成果结合钻探资料，研究特殊地质体的精细分层和分析相关地质问题的物探解译效果，根据研究的成果，建立物探—地质融合的三维空间模型。

充分总结针对成都市地下空间特定地质问题的物探探测成果，形成本区域内城市物探探测标准体系，为以后地下空间勘探、开发和利用提供物探方法依据。

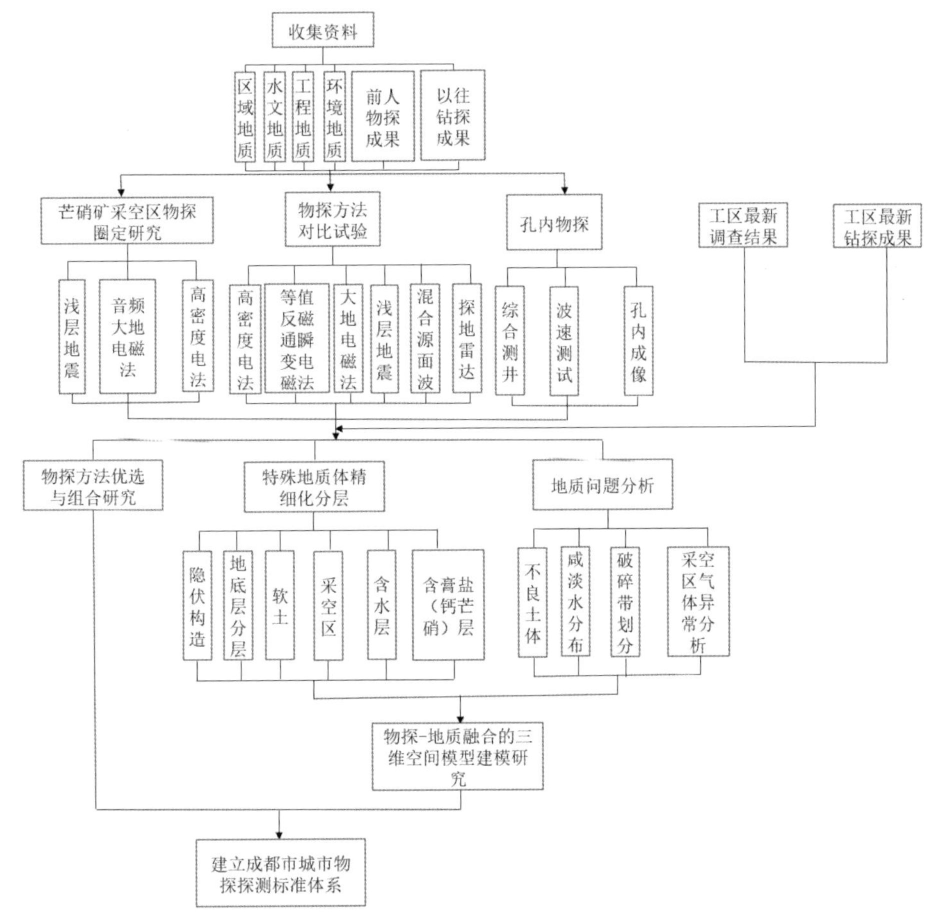

图 1-6-1 城市地下空间地球物理勘探方法适应性研究技术路线框图

2 地下空间地质背景及地球物理特征分析

2.1 成都市地下空间地质背景

成都所在的成都平原为一断陷坳陷盆地，龙门山冲断带山前江油—灌县区域性断裂和龙泉山褶皱带之间。该断陷盆地可分为东部边缘、中央凹陷和西部边缘三条构造带，由东部的蒲江—新津—成都—广汉与西部的大邑—彭县—什邡两条隐伏断裂分割而成。成都市中心城区及周边的地质结构主要表现为北东走向的构造，表现为新生代以来形成的褶皱、断裂及沉积凹陷，总体显示了不均匀沉降和隆升的过程。本地区的第四系地层分为东部、南部的“出露型”第四系和西部的平原“埋藏型”第四系。基岩地层主要为上侏罗统遂宁组、蓬莱镇组，白垩系下统天马山组、中下统夹关组、中统灌口组等（如图 2-1-1 至图 2-1-5 所示）。

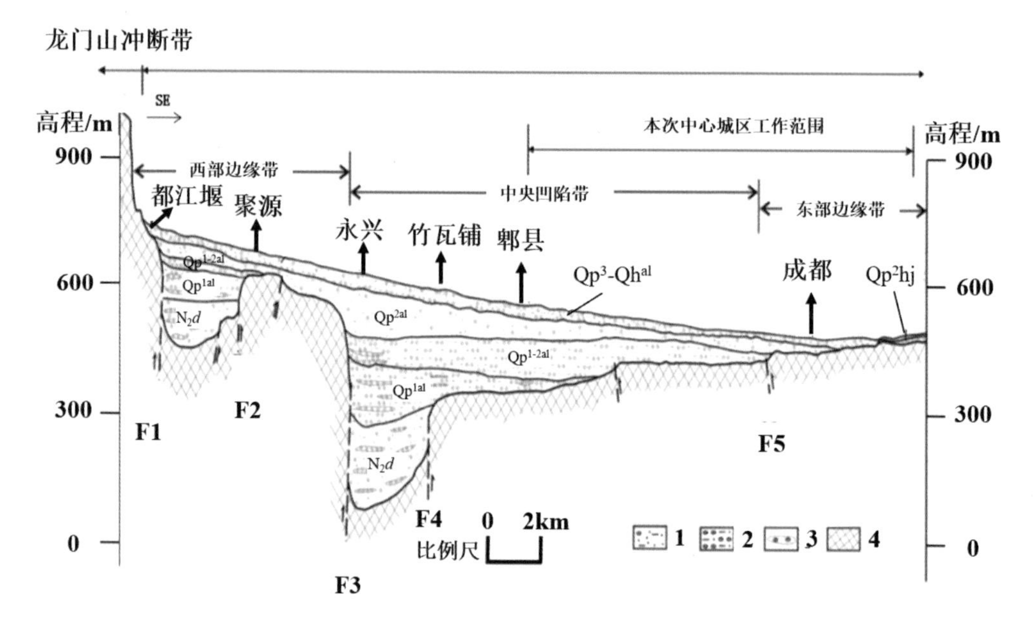

图 2-1-1 中心城区成都平原埋藏型（凹陷区）堆积物厚度变化剖面图

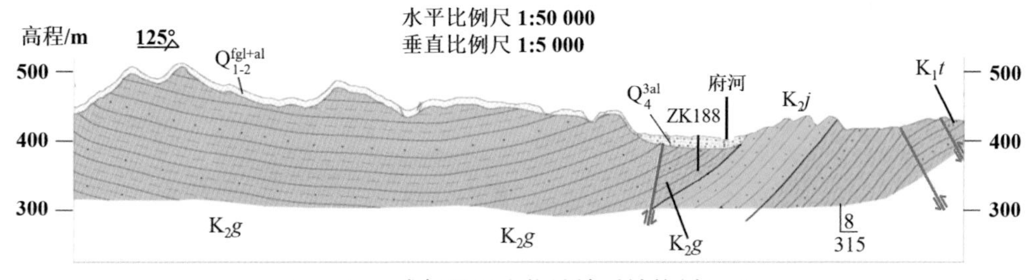

图 2-1-2 成都国际生物城地质结构剖面图

工程地质分区划分为成都凹陷东部扇状平原基本稳定区、成都凹陷东部边缘台地缓丘稳定区、龙泉山褶断带低山丘陵基本稳定区。岩土体类型主要为半坚硬—软弱的碎屑岩类以及软弱的松散岩类。

区内地下水类型以松散岩类孔隙水、基岩裂隙水为主，碎屑岩类孔隙裂隙水、碳酸盐岩类裂隙溶洞水零星分布。淡咸水界面一般在 25~70 m，基岩富含芒硝，淡咸水界面变浅，总体上西北部浅于东南部。

成都市主要位于龙门山断裂带东侧与龙泉山之间，局部区域跨越东部的龙泉山，受龙门山断裂带前段扩展变形的影响，发育有数条断裂带和隐伏断裂带。

根据前期资料收集及对工作区范围的初步调查，可统筹利用的地质资源包括地下水资源、浅层地温能、天然建筑材料等资源。

在成都市中心城区及国际生物城区域影响城市建设和地下空间开发利用的主要地质环境问题有以下几方面：工程地质问题、活动断裂与地震威胁城市安全问题、地质灾害问题和浅层天然气及其他有害气体等，工作区内工程地质问题最为典型。

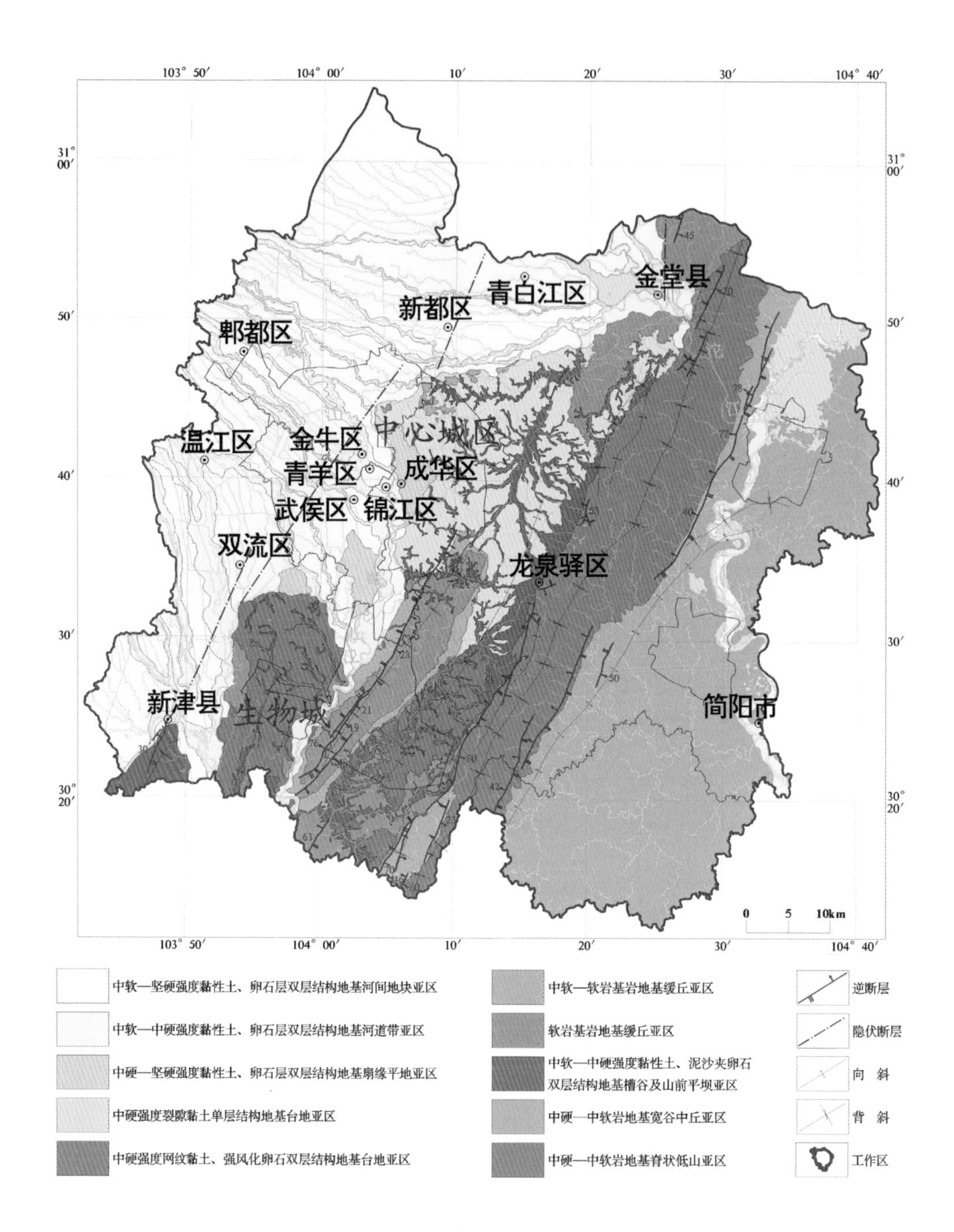

图 2-1-3 成都市工程地质分区图

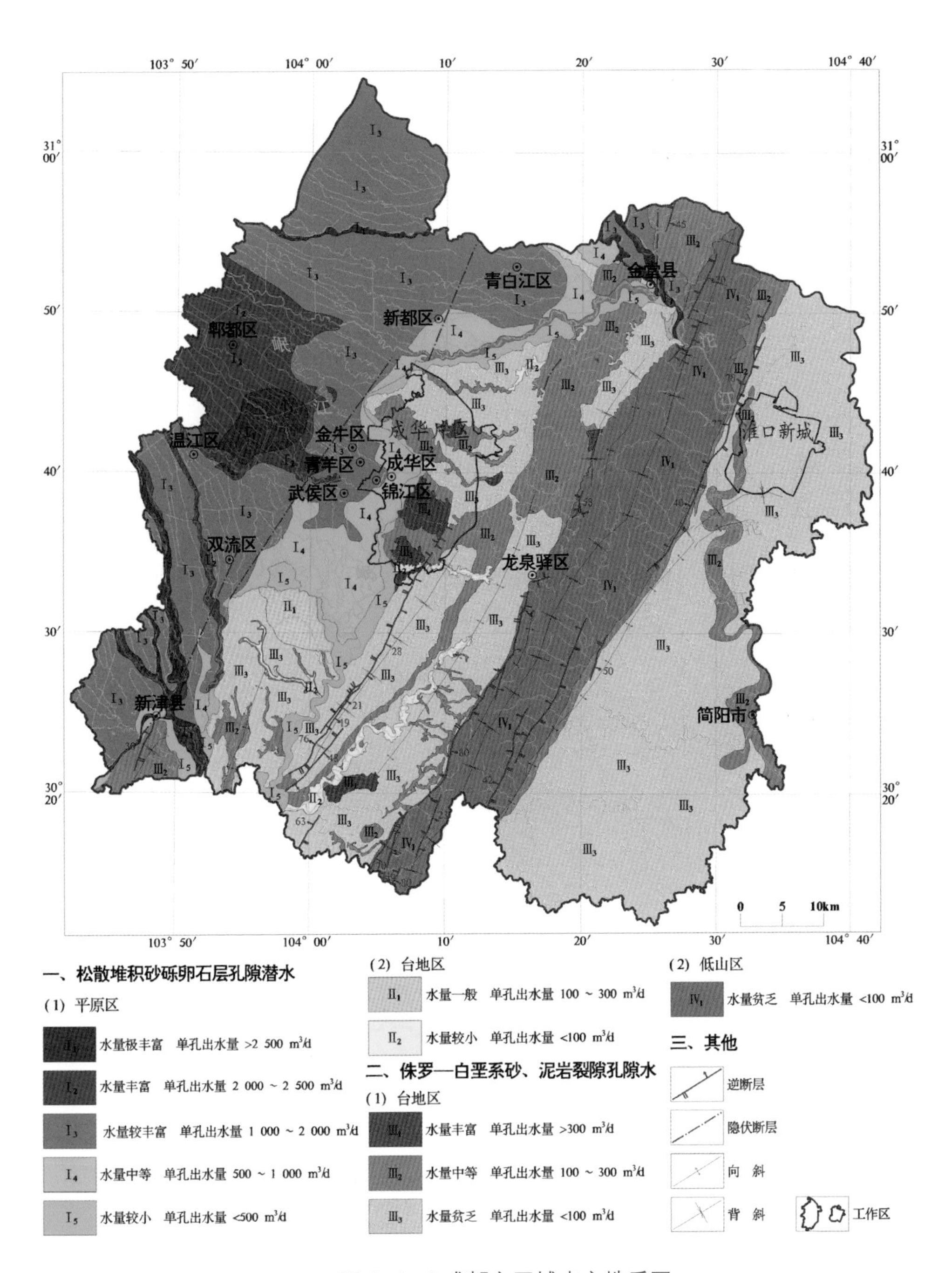

图 2-1-4 成都市区域水文地质图

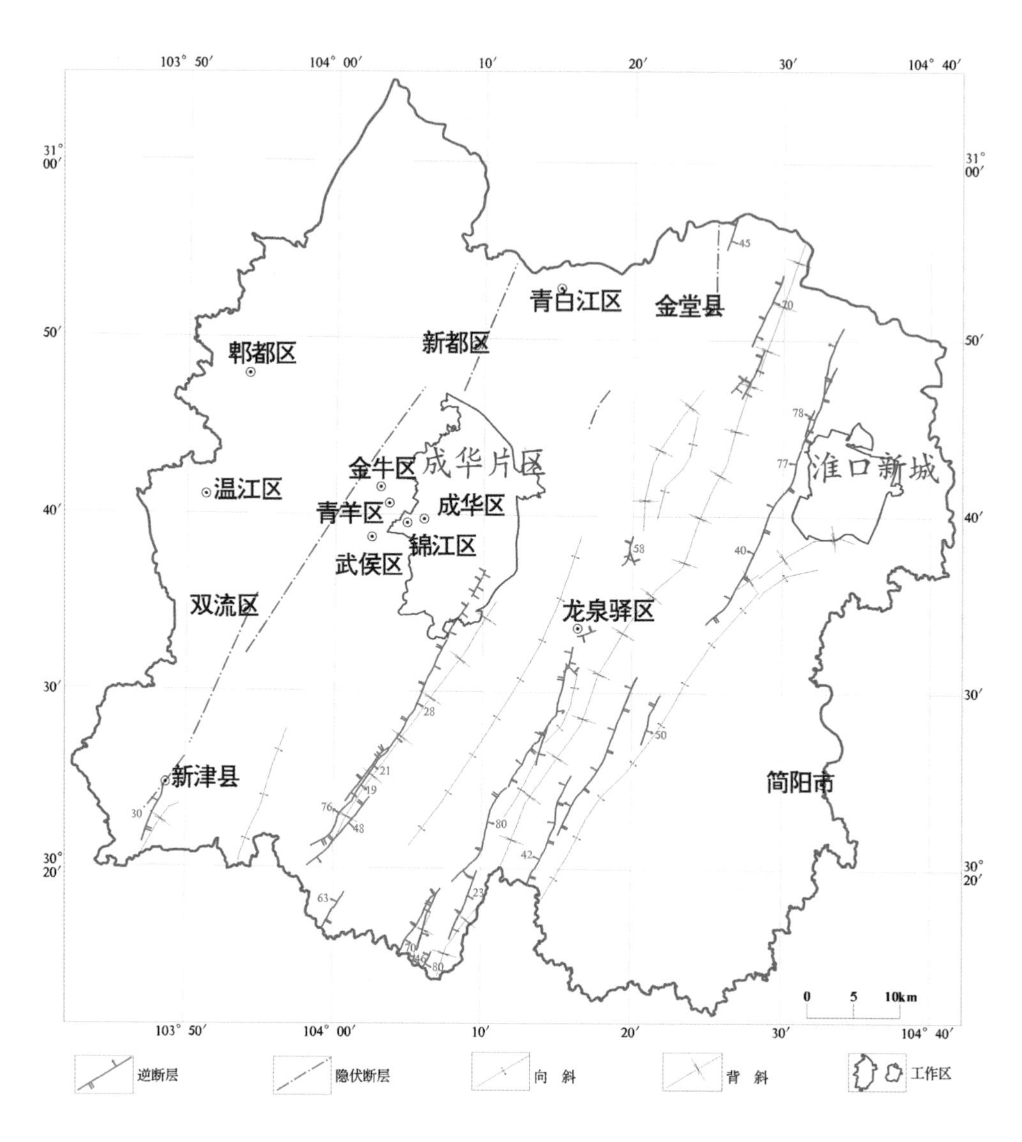

图 2-1-5 成都市规划区主要断裂分布图

2.2 以往工作程度

结合收集资料，分析评价了测区内以往的工作程度，针对现阶段城市地下空间调查的需求，评价已有资料的利用价值，提出存在的问题。

2.2.1 以往工作情况

1）以往地质工作

综合收集分析以往资料显示，中心城区研究程度高于国际生物城，中心城区水工环研究程度基本达到了1:5万精度，局部区达到了1:2.5万精度。

成都国际生物城完成了20万的水文地质、区域地质调查工作，20世纪90年代开展的1 ∶ 5万的水工环调查基本覆盖了本区，但钻孔深度较浅，且数量不多；2018年开展的空港新城多要素项目包含本区，有4个工程钻孔（200 m工程孔1个,100 m工程孔2个，30 m水文孔1个），可作为本次加密钻孔。

（1）以往基础地质工作

① 20世纪70年代中后期，四川省地质局有关单位先后完成工作区所涉及的20万图幅：灌县（都江堰）幅（H-48-Ⅷ）、德阳幅（H-48-Ⅸ）、邛崃幅（H-48-ⅩⅣ）、简阳幅（H-48-ⅩⅤ）区域地质调查工作。基本查明了测区地层层序、构造格架，重要接触关系和岩性、岩相、厚度变化，初步建立了区内地层系统。对成都平原第四纪地质、水文地质、土壤层地球化学特征等研究取得了显著成果。

② 1990年完成的1∶5万成都市水文地质工程地质环境地质综合勘查工作，发现了柏合寺—白沙—兴隆断裂，进一步证实新都—磨盘山断裂，包括江桥断裂及双流—成都—新都断裂的存在，并在市区北一环路、红牌楼、双桥子等地测得“α”剖面异常值，证明前两条断裂通过市区。台地丘陵区，地表80%以上被不同类型的第四系黏性土层覆盖，第四系地层厚度变化大，从几m至40余m，最大揭露厚度达40多米，并具有一定供水意义。

③ 2013年完成的成都市幅（H48C002002）1∶25万区域地质调查工作，在前人工作的基础上，通过系统调查和专题研究，在成都平原第四系的划分对比及环境演化、平原区隐伏断层、龙泉山构造带以及新构造运动等各方面收集了大量素材，取得了丰富的第一手资料。在基础地质诸多方面取得了新进展、新认识，提高了所测区域地质

研究程度和成果报告的社会实用性。

（2）以往水文地质工作

① 20 世纪 70 年代中后期，四川省地质局有关单位先后完成工作区所涉及的 20 万图幅：灌县（都江堰）幅（H-48- Ⅷ）、成都幅（H-48- Ⅸ）、邛崃幅（H-48- ⅩⅣ）、简阳幅（H-48- ⅩⅤ）区域水文地质普查工作。对平原第四系松散岩类含水层的结构与埋藏分布规律、地下水赋存条件及地下水的水量、水质和补给、径流特点做了全面调查和深入研究，取得了双层含水结构的特征。对区内红层地下水的赋存条件、富集规律、水质、水量变化作了重点研究。

② 1982—1985 年完成的 1∶10 万成都平原水文地质工程地质综合勘查，基本查明了成都平原的地层层序和分布变化规律，查清了第四系地层的含水条件与特点，进一步证实上部含水，水量丰富，是平原的主要含水层。对地下水的补、径、排条件进行了较深入的研究。通过大量的水文地质试验工作，取得了点上和面上的水文地质参数和水文参数。

③ 1982—1984 年完成的 1∶5 万成都东部台地供水水文地质工程勘查，取得了台地区地质、水文地质资料。对各区段的水文地质条件，特别是第四系及其叠置关系，成因类型做了评述，突出阐明了白垩系夹关组砂岩层间裂隙水深埋和浅埋的不同富水性和水质差异特征。

④ 1985—1988 年完成的 1∶2.5 万成都市区综合水文地质工程地质勘查，开展以地下水资源评价为主要目的的勘查工作。基本圈定两处水源地并进行了可行性论证，同时对现有供水水源地，在规划、合理开采等方面提出了建设性意见。此外，1990 年完成的 1∶2.5 万成都市东郊台地水文地质工程地质综合勘查工作，为本次工作提供了丰富资料。

⑤ 1990 年完成的成都市 1∶5 万水文地质工程地质环境地质综合勘查工作，通过地面测绘、勘探试验、物探和试验室工作，加深了对成都市，特别是东部、南部和牧马山台地的水文地质工程地质环境地质工作程度和研究程度。进一步证实平原区上部 10~30m 为主要含水层。

（3）以往工程地质工作

① 1985—1988 年完成的 1∶2.5 万成都市区综合水文地质工程地质勘查，对工程地质条件，有了较全面论述，对成都市区域稳定性，城市工业、民用建筑、地下工程、引水设施及地下水开采等有关的工程地质问题均进行了相应评价。此外，1990 年完成的 1 ∶ 2.5 万成都市东郊台地水文地质工程地质综合勘查工作，为本次工作提供了丰富资料。

② 1990 年完成的成都市 1∶5 万水文地质工程地质环境地质综合勘查工作，有针对性地对工程地质条件与问题进行评价研究，将区域分为两大地基类型：基岩地基和松散土地基。对台地黏土的胀缩性，地基适宜性以及地下硐室围岩的稳定性进行了详细论证和分类评价。对各种主要工程地质问题的形成、防治进行了分析论述，在此基础上对该区的工程地质环境条件进行了多级模糊评判。

③ 2013 年完成的成都市幅（H48C002002）1∶25 万区域地质调查工作指出，区内广泛分布的不同时代、不同成因第四系地层。由于其特殊的地质条件及工程力学性质，在城市工程建设上主要的工程地质问题是城市地基的特殊土问题，主要涉及第四系松散土层建筑物持力层范围内的膨胀土、液化砂土和软土等。

④通过对持有的 20 多个工程地质勘查类资料原始数据的项目，以及收集的 70 多个工程地质勘查项目资料进行分析整理，各勘查项目查明不良地质作用的类型、成因、分布范围、发展趋势及危害程度，提出整治方案建议；查明建筑岩土层的类型、深度、分布、工程特性，分析和评价地基的稳定性、均匀性和承载力；查明埋藏的河道、沟浜、墓穴、防空洞、孤石等对工程不利的埋藏物；查明地下水的埋藏条件，提供地下水位及其变化幅度，判定水和土对建筑材料的腐蚀性；对拟建物基础持力层及其基础形式提出建议，并提供设计所需的岩土物理力学参数。

2）以往物探工作

成都市系统的物探开始于 20 世纪 50 年代，区域性的物探调查工作主要由西南石油局勘探处、石油部四川勘探局、四川省地质矿产局物探队完成，包括重力、磁法、电法、浅层地震等工作内容。针对特定的工程建设需要，在成都平原区开展了一系列的局部、较分散的物探勘查类工作。已完成的主要物探工作如下：

（1）1954 年，西南石油勘探处 301、302 队完成了四川盆地成都广元一带重磁力普查；1955 年，石油部四川勘探局完成了四川盆地成都平原重力磁力调查，主要针对大尺度的区域性构造，工作比例尺较小。

（2）1959 年，四川省地矿局物探队（原地质部第七物探队）完成了《四川省成都钢管厂厂址区电测工作报告》，解决了四川省成都牛市口钢管厂区砂卵石层顶底板埋深。

（3）1965 年，四川石油会战指挥部地质指挥所赵德智和夏子华完成《双流重力高成都参数井地质总结报告》，获取了位于双流黄水北，井深 3 162.75 m 的地质分层、地层划分以及油气勘探方面的地质资料。

（4）1966 年，四川省地质局物探大队完成了《四川盆地成都平原地球物理成果报告》，主要针对区域性构造，开展了少量的对称四极电测深工作，初步开展了简要的地质分层。

（5）1972 年，国家计委地质局航空物探大队九〇九队编写了《四川盆地航空物探结果报告》，初步解译了四川盆地构造格架，利用航磁成果推断了多条断裂构造。

（6）1985 年，四川省地质矿产局物探队完成了《成都平原水文物探工作报告》，作为成都平原水文地质工程地质综合勘查评价的专题部分，开展了系统的面积性电测深工作，工作比例尺为 1:10 万，测网密度为 4 km × 1 km，控制面积 7 770 km^2，实测电测深点 1 504 个，收集利用以往电测深点 129 个。系统测试及统计了不同岩土体的电性差异，成都平原第四系覆盖区共圈出 12 个凹陷、4 个凸起、23 条断裂，解释推断了平原区第四系松散岩层厚度、结构和含水层的空间分布，解译了基岩面起伏形态及主要断裂构造位置，推断了上部含水层及富水地段。

（7）1989 年，四川省地质矿产局二〇七队编写了《四川盆地晚三叠世煤炭资源远景调查物探成果报告》，总结四川盆地的煤矿分布，并推断了多条断裂构造。

（8）1991 年，四川省地质矿产局物探队完成了《四川省重力航磁异常综合研究报告》，整理了四川省已有的岩石密度、磁性成果，分析了重磁异常展布与区域构造样式之间的关系，探索应用重磁异常研究四川省居里温度深度，探讨了均衡异常及地壳稳定性的关系。

（9）1991 年，四川省地质矿产局物探队完成了《成都市城市物探工作报告》，工作覆盖了整个成都市中心城区，并包括郫县（现郫都区）、双流、新都、龙泉大部分范围，完成1:5万（网度1 km×1 km）电测深面积1 201 km^2，测深点1 260个，浅震、α卡剖面23.17 km及少量岩土力学参数测试。系统测试及统计了不同岩土体的电性差异，在成都市区及外围共推断了六条隐伏断裂构造，解释推断了第四系上部含水层及下部弱含水层的厚度和分布范围，初步划分了强富水区、中富水区及贫水区，较粗略地解译了东部台地夹关组砂岩层间水富集地段及基岩风化带厚度。

（10）1995年，四川省地质矿产勘查开发局物探队完成了《四川盆地利用重磁资料预测天然气勘查开发前景研究报告》，根据四川盆地重磁异常特征划分了7个油气异常共18个异常带，预测了15个油气远景区共48个油气靶区，其构造成果对本次工作有一定参考作用。

（11）2017年，成都市防震减灾局组织实施了成都市地震活断层普查工作，完成深地震反射剖面总长度126.45 km、浅层地震反射波法测线总长度80.483 km、高密度电阻率法测线总长度9.418 km。主要针对大邑断裂、彭州断裂、洛水—都江堰断裂、蒲江—新津断裂、龙泉山西坡断裂、苏码头断裂和大塘断裂。

（12）针对特定的工程建设需要，成都平原区开展了一系列针对特定探测目的任务的电法、浅层地震、测井、波速测试工作，工作区范围较小、分散、深度较浅。可作为本次城市地下空间资源地质调查物探工作的补充资料。

2.2.2 已有资料评价

1）已有地质资料评价

（1）区域地质资料评价

区域地质资料的分析利用，主要表现为以下几个方面：

①综合评价工作区地下空间地质环境情况。通过对已有资料的分析，成都市城市地下空间资源利用地质条件总体良好。

②分析区域地质环境问题。初步研究表明，成都市地下空间利用需要防范关注活动断裂与地震危险性，富水松散砂砾卵石土、膨胀性黏土、软土地基和基坑边坡的稳定性，含膏盐（钙芒硝）泥岩溶蚀性和腐蚀性，高瓦斯地层易燃易爆风险性等6类地质问题。

③工作区内优质资源潜力评价。针对成都市平原区和台地区下部的优质地下水资源、浅层地温能资源、生态湿地资源，以及文物和地质遗迹资源等，进行了系统的收集与标注。同时，了解天然建筑材料的岩性、埋藏分布情况和开采条件，开展地下资源开发利用潜力评价，为后期在地下空间开发利用中的统筹保护提供决策依据。

④为建立标准地层提供基础支撑资料。在已有区域地质资料基础上，查明成都平原第四纪沉积充填序列、沉积演化过程，为后期的工程钻孔和建立成都平原第四纪标准地层结构提供基础支撑资料。

（2）水文地质资料评价

针对水文地质勘查类资料的分析利用，主要表现为以下几个方面：

①了解工作区内水文地质情况。通过对水文地质勘查资料的分析，成都市市区地下水类型主要为松散岩类孔隙水和碎屑岩类裂隙孔隙水两大类型，地下 2~3 m 即可见含水层，水位埋深 1~3 m。

②了解透水、含水层组的岩性、厚度、埋藏条件、渗透性、地下水的水位、水量和水质。

③通过资料中的大量水文地质试验，确定各含水层的水文地质参数，为开发利用地下水提供依据。

④为工作区水样布置提供布置依据。

⑤查明成都市含水层结构及水文地质条件，建立标准水文地质结构，研究城市生态环境地质动态变迁过程，评估人类工程活动改变水文地质条件的地表、地下综合生态环境地质响应，为海绵城市和地下调蓄水库建设等提供基础支撑。

（3）工程地质资料评价

通过对收集的工程地质勘查类钻孔的分析和利用，主要解决以下内容：

①初步揭露工作区工程地质条件。在平原冰水扇堆积区地下水埋深浅，需注意地下建筑物的防水及抗浮问题，饱和沙土及粉土液化问题。个别地段存在软土，易引起建筑物不均匀沉降。成都黏土区要注意表层土的失水收缩开裂和原生裂隙引起的边坡滑动及沉陷，不均匀沉陷；局部地段存在滑坡可能性。

②了解了工作区内主要岩、土体的岩性、厚度及其空间分布规律，进行岩、土体初步分层，划分岩、土体结构类型。

③从工程地质勘查资料研究地质构造的变化，破碎带的空间分布，构造岩岩性和胶结程度，以及它们随深度的变化情况。

④获取相关工程地质相关参数，为地下空间三维地质建模提供基础参数，同时，为建立标准工程地质结构提供数据支撑。

2）已有物探资料评价

成都地区已经完成了多种地球物理勘查方法，也就有多种物性参数。针对物探资料的分析利用，主要表现为以下几个方面：

（1）磁法

磁法数据分析认为，四川盆地及周边龙泉山断裂、苏码头断裂等，主要以北北东向为主，方位角 30°左右，与航磁异常方位角 45°具有明显的差异，说明 1∶100 万的航磁异常并不能很好地分辨出盆地中的断裂分布，增大工作比例尺，提高磁测精度，可能会对这些隐伏、半隐伏断裂的识别工作提供一定的数据支撑。

（2）重力

①重力勘探结果表明，测区布格重力异常明显分为三个区。西部低值区布格重力异常等值线及圈闭重力异常走向以北东向为主，布格重力异常值从南东到北西逐渐减小；中部梯级带异常等值线走向以近北东向为主，布格重力异常值从西到东逐渐变大，圈闭布格重力异常总体较零星，其中梯级带异常以龙泉山为中心、近北东走向，与龙泉山大断裂的走向一致；东部高值区呈圈闭布格重力异常规模及强度均较大，圈闭中心位于重庆市大足区。布格重力异常值从南东到北西逐渐减小。

②从白垩纪至震旦纪，存在 4 个密度层。晚白垩世密度为 2.46~2.55 g/cm^3；早白垩世至晚三叠世岩性以泥岩、砂岩为主，夹页岩煤层及石灰岩，密度为 2.60~2.64 g/cm^3；三叠纪至寒武纪地层，岩性多以石灰岩为主，夹页岩、玄武岩，页岩密度小，灰岩密度多为 2.66~2.70 g/cm^3，玄武岩密度最大；震旦纪，密度为 2.80 g/cm^3，且陆相地层密度变化大，数值小于海相。

（3）电法

电法资料较丰富，取得的成果主要有：

①成都平原物性成果资料（如图 2-2-1 所示）。

②大致研究探索成都市区一带第四系松散层的厚度及变化特征，其规律表明松散层厚度从西向东大致分为四个带。

③成都平原区第四系松散层厚度及含水层分布。在成都平原第四系覆盖区共圈出大小 12 个深陷、凹陷（或凹槽），4 个凸起，23 条断裂，基本上查明了成都平原区第四系松散岩层厚度、结构和含水层的空间分布，提供了基底起伏形态和主要断裂构造位置，并推断了上部含水层地下水远景储量，指出了富水地段，为成都平原区地下水资源的开发利用提供了重要依据。其中，经过成都市的都江堰—郫县—成都—龙泉堆积物厚度变化剖面新胜镇（原竹瓦铺）处第四系松散层最深 541.09 m。

④总结了各岩土层电性范围，对于电阻率，成都黏土＜砂质黏土＜含砂泥砾、泥砾层（Q_{1+2}）＜泥砂砾卵石层（Q_3^2）＜砂岩、泥岩，其中砂岩风化程度不同，电阻亦有差别，强风化泥砂岩＜弱风化泥砂岩＜完整泥砂岩。

⑤取得电测深曲线类型，包括 K 型、KQ 型、G(A) 型、H 型、HA 型，当然由于层数增多，还可能衍生出 KQQ 型等。

⑥推断了 6 条隐伏断裂。

⑦划分了 Q_{4+3} 含水层组厚度及富水程度。

⑧划分了 Q_{1+2} 弱含水层组厚度。依据 Q_{1+2} 厚度划分为四个含水地段，即：180~100 m、100~40 m、40~20 m 及小于 20 m 地段。

⑨推断了东部台地红层基岩裂隙水。

⑩分析了砂卵石埋深及土壤电阻率特征。

（4）弹性波法

①总结了成都地区的岩土波速的影响因素和岩土波速范围。

②对于波速，黏土＜砂卵石＜砂岩＜泥岩，强风化砂泥岩＜弱风化砂泥岩＜完整砂泥岩。

③对于剪切波，黏土的剪切波速最低，其次为砂卵石层，再其次为砂岩，剪切波速最高为泥岩。

（5）核物探法

①根据 α 射线强弱，确定了 6 条隐伏断层的具体位置。

②对重金属的污染进行了评价，根据研究区范围内土壤的功能和保护目标，土壤类型为Ⅱ类。

2.2.3 以往物探工作存在的问题

1）精细化程度不高

针对本次城市地下空间地质结构精细探测，以往开展的物探工作比例尺较小、网度较稀疏、工作方法相对较单一。

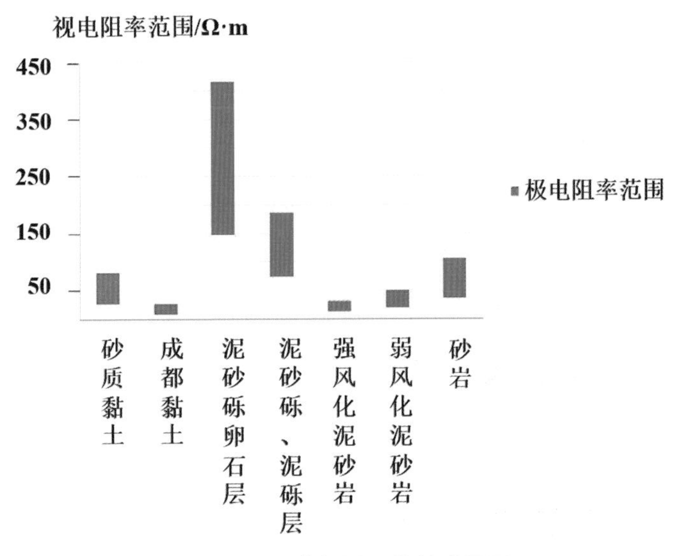

图 2-2-1 成都平原物性成果图

四川省地质矿产局物探队于 1985 和 1991 年完成的成都平原水文物探工作、成都市城市物探工作可作为本次工作很好的依据和补充，但其网度亦较稀疏。成都平原水文物探工作比例尺为 1:10 万、网度 4 km × 1 km，工作方法为面积性电阻率测深法。成都市及近郊因建筑物影响施工，电测深丢点较多，资料很不完整。成都市城市物探工作比例尺为 1:5 万、网度 1 km × 1 km，工作方法以面积性电阻率测深法为主，辅助开展了少量的浅层地震折射波法，电测深工作在市区及近郊丢点较多，部分测点极距较小、探测深度有限。

2）推断解释程度不够

由于断裂两侧基岩电性差异不明显，推断的断裂位置、规模和性质尚存在不合理之处，解释推断相对粗略。电阻率测深法对薄层的识别能力有限，对电性差异较小的薄层依靠单一方法识别困难。成都市区及近郊地下管道、电缆线纵横交错，游散电流干扰大，对电法成果及精度影响大。

解决特殊的地质问题（比如成都黏土、膨胀土、膏盐钙芒硝等）地球物理资料不够系统；电法、地震、测井（波速测试）达到了对浅部的精细分层，能识别第四系上部含水层和下部含水层，对深部分层支持力度不够；电法剖面成果对中心城区深部数据支撑力度不够；电法对砂砾岩透镜体无法识别，地震和测井（波速测试）资料又相当少，不能覆盖整个区域；成都国际生物城地球物理资料相对较少，支撑的该区地下空间三维地质结构模型建设极其有限。电法、地震、测井（波速测试）浅部均能满足100m以内的精度要求，再往下精度不够，只有进行资料的重新解译与反演，对已有资料利用的最大化，才能满足城市部分地段地下空间三维地质结构模型建设。

3）物探方法手段单一

以往开展的物探工作比例尺较小、网度稀疏、工作方法相对单一，相互验证及补充解释能力有限。受网度限制，地质结构探测成果较粗略。受施工条件限制，成都市区及近郊工作程度低，资料不完整。工作方法相对单一，推测的断裂构造相对粗略，电性差异较小地层、薄层的识别困难。以往完成的物探工作尚不能满足城市地下空间地质结构探测及地质模型建设，仍需系统开展城市地下空间地质结构探测工作。

4）物探仪器抗干扰能力差

市区及近郊游散电流干扰大，对成果及精度影响大。

5）城市地质条件变化大

随着城市的发展，以往的地质特征发生了变化，如地下水位变化、土壤污染、工程建设造成的浅层地层变化等，同时出现了更多的城市地质问题，因此利用以往资料分析时，往往不能代表现在地质情况。

2.3 地质地球物理特征

根据以往地质、地球物理资料，并结合本次项目地球物理勘探目的任务，分析与探测有密切关系的地形条件、地质特征、物性参数、物性条件等，并对各探测方法的适用条件进行了分析。

2.3.1 地形条件

成都市位于四川盆地西部，部分属青藏高原东缘与四川盆地的过渡带。本次工作区位于成都市中部，地形上具有明显的差异，沿北东—南西展布，由西向东依次为平原—台地丘陵。

西部平原区属岷江冲洪积扇的中部和前缘，由西向东并转向北东和南东倾斜，地面高程 445~566 m。地面坡降平缓，新都—双流一线以西地面坡降为 3.2‰ ~3.5‰，以东为 1.9‰ ~2.56‰，沿河地带因河流侵蚀，形成北西—南东向低于扇面 1~2 m 的带状阶地，使扇状平原呈微有起伏之波状平原。

东部台地丘陵：大致以陡沟河为界分为东部台地和南部台地丘陵。东部台地地势上西、北、南边略高，中部稍低，东部偏高。境内一般高程 460~510 m，呈微波状起伏，向北东沱江边降低。南部台地丘陵，由于府河和鹿溪河的侵蚀作用，切割成牧马山台地和苏码头、兴隆丘陵及窑子坝台地。牧马山台地，西北部高，向南、东倾斜，一般高程 460~520 m；苏码头、兴隆丘陵，一般高程 470~510 m，兴隆冯家大山高程 535 m，平安的半边山高程 527 m；窑子坝台地一般 460~510 m，北高南低，内部起伏不大。

总体来看，本次工作区的地形条件良好，地形起伏变化均较小，对各类物探方法测线布设影响有限。

2.3.2 地质特征

成都市中心城区及周边的地质结构主要表现为北东走向的构造，表现为新生代以来形成的褶皱、断裂及沉积凹陷，总体显示了不均匀沉降和隆升的过程。本地区的第四系地层分为东部、南部的“出露型”第四系和西部的平原“埋藏型”第四系。基岩地层主要为上侏罗统遂宁组、蓬莱镇组，白垩系下统天马山组、中下统夹关组、中统灌口组等。各地层组的岩性差异较明显：

（1）侏罗系地层包括中统沙溪庙组、遂宁组、上统蓬莱镇组。其中，沙溪庙组岩性为紫红色、紫褐色含钙质团块的泥岩夹泥质粉砂岩及长石石英砂岩，由下向上岩石颗粒变细，砂岩变薄、泥岩增厚；遂宁组为较稳定的浅湖湘沉积，岩性为紫红色泥岩为主的泥质粉砂岩；蓬莱镇组为一套浅水相沉积地层，岩性为紫色、棕红、浅紫红色泥岩、砂质泥岩与灰白、灰紫色中—细粒砂岩不等厚互层。

（2）白垩系地层包括下统天马山组、上统夹关组、灌口组，为基底较动荡的河湖相沉积。其中，天马山组为砖红色、棕红色泥岩砂岩不等厚互层夹层数层不稳定，底部砾岩，常见溶蚀现象。夹关组为棕红、灰黄色泥质胶结中—细粒砂岩夹泥岩，底部为泥钙质胶结砾岩，为河湖相沉积，厚度较稳定，上与灌口组呈整合接触；灌口组岩性为棕红色泥岩夹泥质粉砂岩及薄层石膏、钙芒硝。

（3）第四系广泛分布于平原区。其中，下更新统河湖相沉积岩性为深灰色泥钙质胶结、半胶结、未胶结的中—粉砂砾卵石层。中更新统为冰水—流水相沉积，广泛分布于台地区，但厚度较薄，上部为棕红色砂质黏土、黏土；下部为风化的泥砾卵石层，在平原区埋藏于上更新统之下。全新统主要分布于平原地区沿河两岸漫滩一级阶地，上部为浅灰黄色黏质砂土，下部为灰色砾卵石层。

岩土体类型主要为半坚硬—软弱的碎屑岩类以及软弱的松散岩类。区内地下水类型以松散岩类孔隙水、基岩裂隙水为主，碎屑岩类孔隙裂隙水、碳酸盐岩类裂隙溶洞水零星分布。淡咸水界面一般在25~70 m，基岩富含芒硝，淡咸水界面变浅，总体上西北部浅于东南部。局部区域发育有数条断裂带和隐伏断裂带。主要地质环境问题包括工程地质问题、活动断裂与地震威胁城市安全问题、地质灾害问题和浅层天然气及其他有害气体等，工作区内工程地质问题最为典型。

总体来看，工作区地层结构特征清楚，水文地质、工程地质、环境地质结构分布明显，对地球物理勘探具有良好的基础地质认识支撑。

2.3.3 物性特征

根据以往物探工作情况，以及物探数据的利用分析结果，可以为本次城市地下空间资源地质调查地球物理勘探工作奠定一定的基础。同时，在2018年度开展了一定数量的测井工作，因此结合测井多参数进行统计，可以获得较好的物性特征，为各物探方法的开展提供依据。

1）电阻率特征

（1）基于已有物探资料电阻率特征分析

《成都平原水文物探工作报告》表明，不同岩性层电阻率差异明显。Q_4砂卵石层电阻率最高，平原西部扇顶均值为1 110 Ω·m，平原中部312 Ω·m，扇顶至平原中部电阻率值减小主要受结构和泥质含量影响；Q_3^2含泥砂砾电性层电阻率值仅次于Q_4砂卵石层，平原西部扇顶平均值377 Ω·m，平原中部218 Ω·m，电性变化主要与结构有关；Q_{1+2}含砂泥砾、泥砾电性层在成都平原区变化不大，88~128 Ω·m，反映该层物质成分和结构上接近；基岩电阻率值在平原区较稳定，30~60 Ω·m，与上覆砂砾卵石层电性差异明显。表层土电阻率变化范围大，反映了地表物质成分和结构的变化，电阻率从大到小对应了砂土–黏质砂土–砂质黏土–黏土的变化规律（如表 2–3–1 所示）。

表 2–3–1 成都平原水文物探工作报告中成都平原不同岩性层电阻率统计表

岩性及单元 常见值		电阻率值 / Ω·m		备注
		变化范围		
砂质黏土（Q_4）	扇顶	87.8	46.2 ~ 129.4	黏土 12 ~ 25 Ω·m，砂质黏土 25 ~ 60 Ω·m，黏质砂土 40 ~ 130 Ω·m
	平原中部	44.7	25.5 ~ 63.9	
	平原东部	18.9	12.5 ~ 25.3	
	平原西部	29.6	13.5 ~ 45.7	
砂砾卵石层（Q_4）	扇顶	1110	510 ~ 1710	
	平原中部	312	200 ~ 424	
含泥砂砾层（Q_3^2）	扇顶	377	207 ~ 547	
	平原中部	218	209.4 ~ 322.6	
含砂泥砾、泥砾层（Q_{1+2}）	扇顶	128	70 ~ 186.9	
	平原中部	126	103.9 ~ 148.1	
	平原东西部	88.2	62.5 ~ 103.9	
砂岩	平原中部	56.2	39 ~ 73.4	基岩
	平原西部	44.2	29.6 ~ 59.0	
	平原东部	29.7	21 ~ 38.4	

《成都市城市物探工作报告》表明，成都平原中东部地区全新统（Q_4）砂砾卵石层在本区的分布和厚度均不大，多未能形成独立电性层。电阻率从大到小依次对应了砂土—黏质砂土—砂质黏土—黏土。砂质黏土电阻率多在 27~54 Ω·m，电性分布特征有西大、东小和河流向两侧递减趋势。成都黏土（Q_3）电性在平面上变化不大，但在厚度较大时，浅部电阻率均值在 14 Ω·m，常见范围 10~18 Ω·m；底部电阻率低均值在 10 Ω·m，常见范围 8~12 Ω·m。上更新统泥砂砾卵石层（Q_3^2）电阻率比较高，电阻率值变化范围为 148~267 Ω·m，自西向东呈递减趋势，电性变化与结构有关。中下更新统（Q_{1+2}）含砂泥砾、泥砾层电阻率仍有西大、东小递减趋势，电阻率常见变化范围在 74~112 Ωm，电阻率变化不大，反映了该层物质成分和结构均较接近。Q_3^2、Q_{1+2} 松散层电阻率西大、东小递减趋势以及电阻率等值线大都呈北东方向延伸，反映出上述电性层受北东方向性控制的特点。风化泥砂层电阻率值变化范围在 13~29 Ω·m，砂岩电阻率值变化范围在 36~69 Ω·m（如表 2–3–2 所示）。

表 2-3-2 成都市城市物探工作报告中不同岩性层电阻率统计表

岩性	电阻率值 / Ω·m		备注
	常见值	常见变化范围	
砂质黏土（Q_4）	40	27.0~54.0	
成都黏土（Q_3）	13	9.0~18.0	
泥砂砾卵石层（Q_3^2）	208	148~267	
含砂泥砾、泥砾层（Q_{1+2}）	93	74.0~112.0	
强风化泥砂岩	16	13.0~18.0	基岩
弱风化泥砂岩	24	20.0~29.0	
砂　　岩	52	36.0~69.0	

结合以上电阻率统计表，对各主要岩（土）层的电阻率平均值进行了统计，见下图 2-3-2。

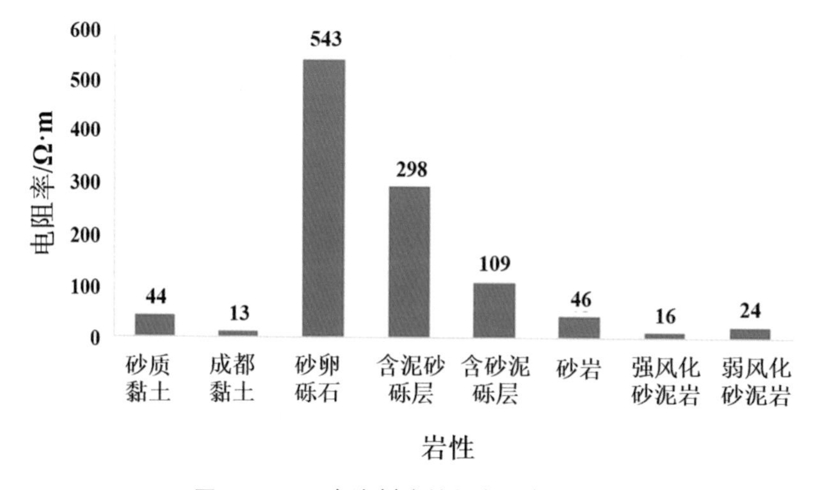

图 2-3-2 已有资料岩性与电阻率值统计表

总体来看，上述不同岩性地层具有较明显的电性差异，从西到东同一种岩性从低到高渐变，反映了地质结构和基岩起伏面的变化。泥砂砾卵石层（Q_3^2）电阻率值高，含砂泥砾、泥砾层（Q_{1+2}）次之，为相对高阻电性层，其电阻率变化与成分、结构密切相关，土层、泥砂岩层电阻率值相对较低，电阻率变化范围存在一定的交叉。对于成都平原区上覆土层、中部砂砾卵石层、下伏泥砂岩层的地质结构探测效果好，是应用电法类工作开展地层划分的地球物理前提。

（2）测井电阻率特征分析

国际生物城已完成钻孔 30 个，所有钻孔均进行了电阻率测井。通过统计分析，各主要岩（土）性包括：黏土、细砂、砂卵砾石、泥质粉砂岩、粉砂质泥岩、钙芒硝、泥岩等。各岩（土）性电阻率特征见图 2-3-3、表 2-3-3。

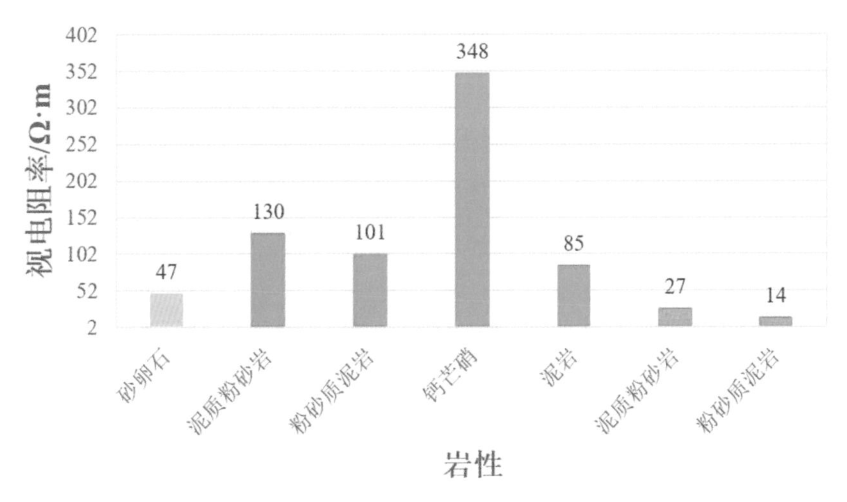

图 2-3-3 国际生物城各地层主要岩性视电阻率值统计图

表 2-3-3 国际生物城主要岩性视电阻率平均值统计表

地层	岩（土）性	视电阻率 / Ω·m
第四系	黏土	
	砂卵石	47
	细砂	

续表

地层	岩（土）性	视电阻率 / Ω·m
灌口组	泥质粉砂岩	130
	粉砂质泥岩	101
	钙芒硝	348
	泥岩	85
夹关组	泥质粉砂岩	27
	粉砂质泥岩	14

受水位等影响，一般基岩层段电阻率测井数据较丰富。测井分析表明，钙芒硝电阻率最大，平均为 348 Ω·m；其次为灌口组砂泥岩，一般在 85~130 Ω·m 之间；夹关组地层电阻率最小，一般小于 30 Ω·m。

综合以上地面物探和测井数据分析，第四系、基岩各岩（土）性电阻率特征差异明显，这为开展地面电法工作提供了良好的条件。

2）纵波速度特征

（1）基于已有物探资料纵波速度特征分析

《成都市城市物探工作报告》中对不同岩土层的纵波速度特征开展了较系统的测试及统计分析。垂向上不同岩性层 V_p 速度由上到下呈依次递增关系，表层土波速＜第四系砂砾卵石层波速＜白垩系泥岩、泥质粉砂岩波速＜基岩内膏盐富集层波速。各岩土层波速主要受物质成分、结构、构造、含水饱和度、风化破碎程度等因素控制。基岩波速受岩土风化破碎影响大、变化较大，当基岩呈强风化破碎时，与第四系砂卵石层速度接近。基岩内膏盐富集层波速较大，该层因膏盐富集程度不同，变化范围大，为 3 850~5 000 m/s。

表 2-3-4 成都市城市物探工作报告中不同岩土层波速及影响因素一览表

地质层位		岩土波速		波速主要影响因素及岩性特征
代号	岩性	代号	均值 /(m·s^{-1})	
Q_{4+3}	黏土、砂质黏土、黏质沙土	V_{p1}	630	岩土成分

续表

地质层位		岩土波速			波速主要影响因素及岩性特征
代号	岩性	代号		均值/(m·s^{-1})	
Q_{4+3+2}	含水砂砾卵石层	V_{p2}		2 160	岩土成分及含水饱和程度
K_2g''	泥岩、泥质粉砂岩互层	V_{p3}	V_{p3-1}	2 230	岩石强风化、极破碎，溶孔发育
			V_{p3-2}	2 510	岩石弱风化、较破碎，质软、局部小溶孔发育
			V_{p3-3}	3 090	岩石新鲜，坚硬致密，局部含石膏脉及团块
K_2g'	泥、砂岩内膏岩富集层	V_{p4}		4 520	岩石坚硬致密，硬石膏、芒硝富集

《空港高技术产业功能区工程地质钻探及浅层地温能调查评价》项目范围以成都市绕城高速内中心城区和天府新区为核心区域，包括成都市2011—2020城市规划中心城区的全部范围和天府新区北部部分区域。地质条件包括了东部边缘带和中央凹陷带，其中部分工作范围与国际生物城、中心城区物探工作重合。该项目开展了一系列的波速测试，取得了大量的剪切波值和纵波速度值，对本次项目的波速分析具有重要的参考意义。

从图2-3-4可以看出，基岩地层纵波速度明显大于第四系地层，第四系地层中密

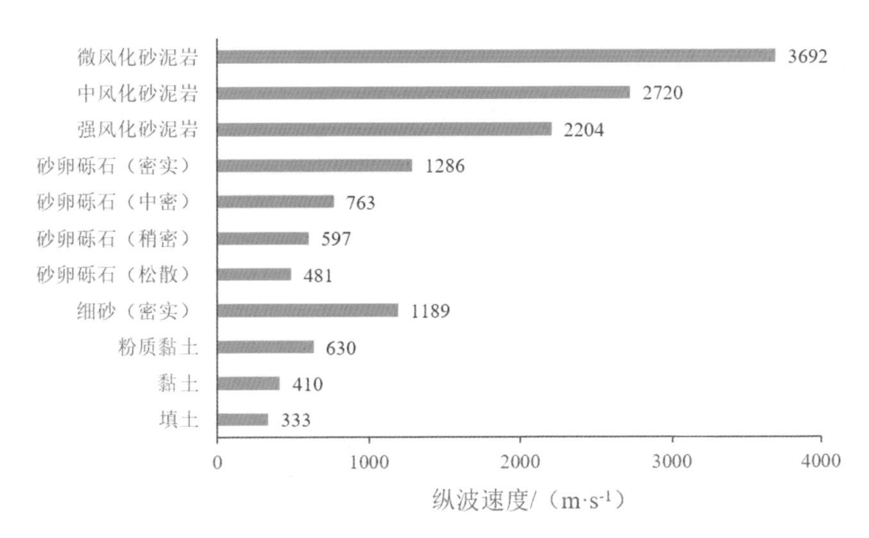

图2-3-4 空港工程地质钻探不同岩土层纵波速度统计图

实层纵波速度大于松散层。基岩地层纵波速度一般大于 2 200 m/s，第四系密实地层一般大于 1 000 m/s，随着松散程度的增加，纵波速度降低。

表 2-3-5 空港工程地质钻探不同岩土层波速统计表

岩（土）性	V_P/(m·s^{-1})	V_S/(m·s^{-1})
填土	333	149
黏土	410	188
粉质黏土	630	298
细砂（密实）	1 189	581
砂卵砾石（松散）	481	223
砂卵砾石（稍密）	597	281
砂卵砾石（中密）	763	365
砂卵砾石（密实）	1 286	628
强风化砂泥岩	2 204	1 192
中风化砂泥岩	2 720	1 420
微风化砂泥岩	3 692	1 990

（2）测井波速特征分析

统计国际生物城各钻孔声波测井数据，各岩性纵波速度差异明显。其中第四系密实的细砂层、砂卵石层纵波速度为 2.15~2.62 km/s；灌口组砂泥岩地层纵波速度一般在 3.29~3.64 km/s 之间，钙芒硝矿纵波速度最大，平均达 4.52 km/s；夹关组砂泥岩平均纵波速度大于灌口组，推测可能是由于埋深较大，压实程度越高引起（如图 2-3-5 所示）。

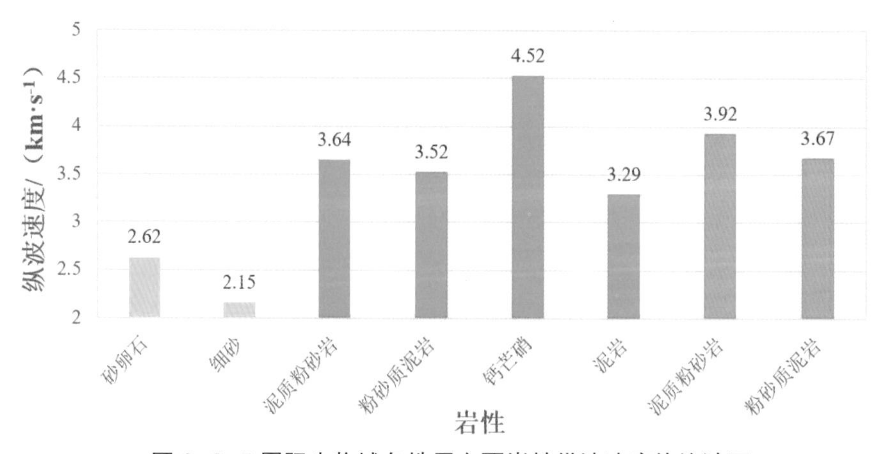

图 2-3-5 国际生物城各地层主要岩性纵波速度值统计图

综合以上波速测试和测井数据分析，第四系、基岩各岩（土）形纵波速度特征差异明显，这为开展浅层地震多次叠加法和波速测试工作提供了良好的条件。

（3）剪切波（横波）速度特征

《成都市城市物探工作报告》对剪切波数据进行了分析，表层土最低，平均为124 m/s，黏土层为203 m/s，细砂为281 m/s，砂卵砾石为516 m/s，弱风化基岩为849 m/s（如表2-3-6所示）。

表 2-3-6 成都市城市物探工作报告中不同岩土层剪切波波速统计表

岩（土）层	表土层	黏土	细砂	砂卵砾石	全风化基岩
剪切波速度 / (m · s^{-1})	124	203	281	516	849

《空港高技术产业功能区工程地质钻探及浅层地温能调查评价》项目对各岩层（土）的剪切波速度进行了较详细的划分，黏土层平均为188~298 m/s；砂卵砾石剪切波速度变化较大，从223~628 m/s不等，速度越大，密实程度越高；基岩层剪切波速度一般大于1 000 m/s。

综合以上波速测试数据分析，第四系、基岩各岩（土）性剪切波速度特征差异明显，这为开展面波法、微动和波速测试工作提供了良好的条件。

（4）密度特征

《成都市城市物探工作报告》统计，表土层密度为1.96 g/cm^3，黏土密度为

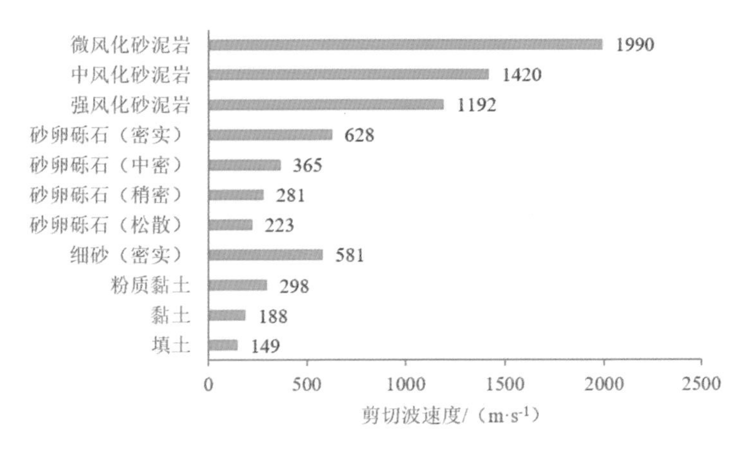

图 2-3-6 空港工程地质钻探不同岩土层剪切波速度统计图

2.13 g/cm³，细砂为 2.08 g/cm³，砂卵砾石为 2.28 g/cm³，全风化基岩为 2.38 g/cm³（如图 2-3-6 所示）。

统计国际生物城各钻孔密度测井数据，各岩性密度差异较明显。其中，第四系密实的细砂层密度为 2.06 g/cm³，黏土为 2.08 g/cm³，砂卵石层为 2.2 g/cm³；灌口组砂泥岩地层密度一般在 2.33~2.37 g/cm³ 之间，含钙芒硝矿密度增大，平均达 2.5 g/cm³；夹关组砂泥岩密度平均为 2.4 g/cm³ 及以上，一般大于灌口组，推测可能是由于埋深较大，压实程度越高引起（如图 2-3-7、表 2-3-8 所示）。

表 2-3-7 成都市城市物探工作报告中不同岩土层剪切波波速统计表

岩（土）层	表土层	黏土	细砂	砂卵砾石	全风化基岩
密度 /（g/cm^{-3}）	1.96	2.13	2.08	2.28	2.38

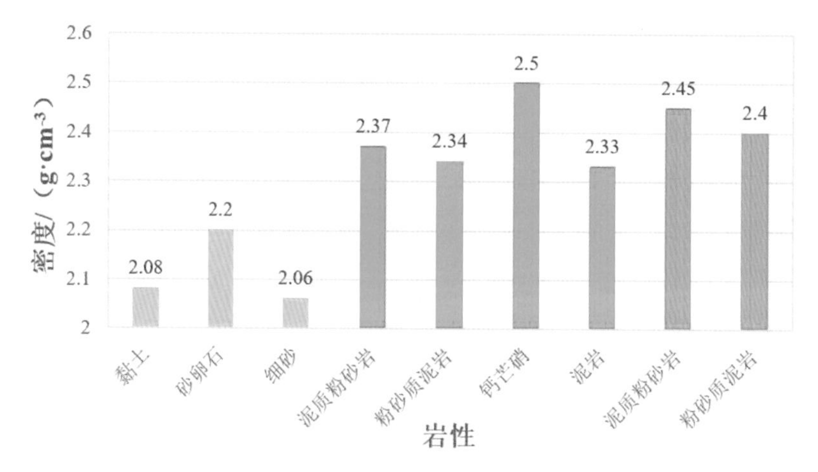

图 2-3-7 国际生物城各地层主要岩性密度值统计图

综合以上分析，不同岩（土）层的密度存在较明显的差异，表层土、黏性土、砂砾卵石层、基岩的密度均呈依次增高的趋势，基岩为典型的高密度体，这为测井分析以及后期重力勘探提供重要依据。

（5）放射性特征

统计国际生物城各钻孔自然伽马测井数据分析，黏土层和泥岩自然伽马值较高，平均大于 100 API，推断为泥质或黏土质成分越高，吸附的放射性物质越多；随着砂质含量增大，自然伽马值降低，一般为 70~90API 之间；钙芒硝矿自然伽马值最低，平均为 40 API，这为识别钙芒硝提供了重要的放射性差异（如图 2-3-8 所示）。

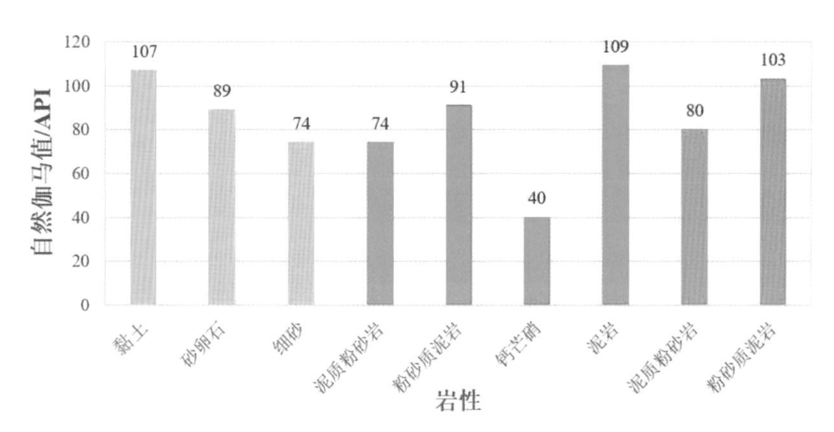

图 2-3-8 国际生物城各地层主要岩性自然伽马值统计图

2.3.4 适应性分析

不同物探方法具有不同的适应性。精细刻画地层结构方面，浅部采用地质雷达、面波，中深部采用高密度电法、等值反磁通瞬变电磁法、二维浅层地震等。在隐伏构造、地层结构划分方面，采用微动、大地电磁法等。钻孔中详细分析孔内地层结构，并获取多参数地质属性时，采用综合测井和孔内成像。

成都市城市地下空间资源地质调查项目地球物理勘探方法的控制深度、目的任务、适用条件分析见表 2-3-8。

表 2-3-8 成都城市地下空间资源调查Ⅳ标段物探适应性分析

序号	物探方法	控制深度 /m	本次工作要达到目的	适用条件
1	二维浅层地震勘探	0~300	工作区 300 m 以浅的精细地质结构，0~50 m 深度范围内应圈定与识别空间尺寸大于 10 m 且与周边存在较明显物性差异的地质体，50~300 m 深度范围内应圈定与识别空间尺寸大于 20 m 且与周边存在较明显物性差异的地质体	对振动敏感，应避开噪声干扰严重地段和时间段开展工作；适用于交通、人文干扰小的地段；地下地质体有较明显的波阻抗差异

续表

序号	物探方法	控制深度 /m	本次工作要达到目的	适用条件
2	微动	0~100	在二维浅层地震无法开展的地段部署，补充剖面空白地段。在较宽阔的地段增大微动台阵半径，以增加勘探深度	台阵内无较大干扰；各单台拾震仪的起伏高差不能太大
3	等值反磁通瞬变	0~190（市郊区）；0~65（中心城区）；0~154（国际生物城）	以往开展的“成都平原水文地质物探工作”和“成都市城市物探工作”表明第四系各层位之间具有一定的电性差异。由于平原区覆盖较厚，为提高地震数据对第四系覆盖层的解译精度，拟在部分剖面上部署该类方法	在城区有一定的抗干扰能力；适用于接地条件差的地区
4	高密度电法	0~75	0~50 m 近地表解译精度较高，可以获取地质体电性参数，对剖面进行综合解译	各层之间有电性差异和厚度；目标体上方没有屏蔽层；无游散电流或大地电流干扰
5	大地电磁测深	0~500	勘探深度较大，获取多种地球物理参数进行综合解译	各层介质之间具有明显的电性差异，且电性稳定；无电磁干扰的场源
6	混合源面波	0~40	集成主动源面波浅层分辨率高、天然源面波探测深度大的优点，利用面波频散特性，进行岩土体精细分层及地质构造的判断解释	各层之间存在一定波速差异和厚度；无较大地形起伏
7	地质雷达	0~ 20	浅层分辨率较高，利用地体间不同介电常数，对浅表地质垂向结构进行分层	层介质之间具有明显的电性差异或介电常数差异，且电性稳定
8	综合测井		精细划分地层，获取地层多参数属性，建立物性标准	根据钻孔工作量，开展相应测井、测试工作
9	波速测试		精细刻画钻孔微观结构	

3 城市复杂环境条件分析及针对性技术措施

3.1 复杂环境条件分析

城市地球物理勘探主要服务于城市规划和建设，致力于解决水文地质、工程地质以及环境地质方面的相关问题。但由于城市中开展地球物理勘探工作面临诸多不利条件，使得城市地球物理精细探测的实用性受到限制。城市复杂环境包括外部环境和地质环境，其中外部环境是影响城市地球物理勘探工作的一个重要因素。

1）城市外部环境

成都市城市地球物理勘探的外部环境总体上与国内大多数城市环境一样，即施工过程中面临强干扰环境，包括城市建筑物密集、人类活动频繁、地上地下管线网线路复杂等情况。

（1）建筑物密集延缓了资料采集过程，给测线布置带来了困难

城市勘探区可分为在建区和建成区，在建区一般位于城市繁华地段，商业楼盘林立，住宅小区众多，高架桥横跨道路，建筑物较为密集，给野外施工带来了极大的难度（见图 3-1-1）。

影响结果分析：测线无法按照直线布置，为后期的处理和解释带来了极大的挑战，

传统物探测线布置一般按照直线开展，能够保证物探异常解释推断的精细定位，但由于城市高楼林立，立交桥、跨河大桥、大型公路（如天府国际生物城立交桥等）等大型障碍物、建筑物使得物探测线不能完全按照直线布置，这就使得物探资料必须按照弯线采集，在处理过程中必须按照弯线甚至折线进行处理，无疑增加了资料处理难度。同时，在二维浅层地震勘探资料采集过程中，由于大型构筑物的影响，使得观测系统不得不频繁作出改变，大大降低了现场施工效率，延缓了采集进度。

图 3-1-1 城市建筑物密集分布

（2）人文活动

城市建成区人文活动较为频繁和复杂，城市市区内分布有众多的商业区和居民聚集区，过往车辆、行人众多，给物探施工带来了较大的安全隐患。此外，物探夜间施工在城市作业中较为常见，可能会衍生出一些如噪声扰民等问题，物探现场应做好沟通协调工作。同时夜间运渣车超速情况多见，给现场施工人员也带来了极大的安全隐患。

影响结果分析：各种人文活动给物探施工带来了主要的安全隐患，同时物探夜间施工过程中产生的一些噪声可能会带来一定程度的协调难度。

（3）影响原始资料的干扰源

城市地球物理勘探的干扰源主要分电磁波干扰源和声波干扰源两类。

①强电磁干扰

工作区电磁波干扰源分为地上干扰源和地下干扰源。地上干扰源主要包括高压线路（图 3–1–2）、配电箱（图 3–1–3）、路灯电线等所产生的电磁波信号，该电磁波干扰信号的特点是强度较小，频率稳定，但干扰的持续时间长。地下干扰源主要为市区的地下管线，包括雨水管道、燃气管道、污水管道等，这些管线频率不定，或多或少影响到电磁法物探工作的采集。地下管线涉及的管理部门较多，分布位置复杂，埋设时间不一，总体呈现出杂乱无章的分布规律，因此这些管线对物探方法有较大影响，除开管线探测需求外，管线的存在，大大降低了物探方法对地层的探测。因此在物探测线布设时，尽量避开地下管线，以获取更多地层信息。

影响结果分析：强电磁干扰主要影响高密度电法、音频大地电磁法、地质雷达、等值反磁通瞬变电磁法等电磁法物探资料，可能会导致原始资料品质变差，使得物探资料解释成果不准确。强电磁干扰同时会影响地震采集的检波器，在地震记录上形成频率一定的电磁干扰信号，尤其是城市地下管线往往存在一个尺寸不一的空洞，影响地震资料反射能量。

图 3-1-2 高压线路

图 3-1-3 配电箱

（a）雨、污水管道

（b）地下燃气管线

图 3-1-4 城市地下管线错综分布

地震施工时，如果无法避开高压线、地下管线等干扰源，依据干扰源频率明显较有效波的频率高的特点，在后期资料处理阶段采用频率域滤波等方式对该种干扰源进行压制。

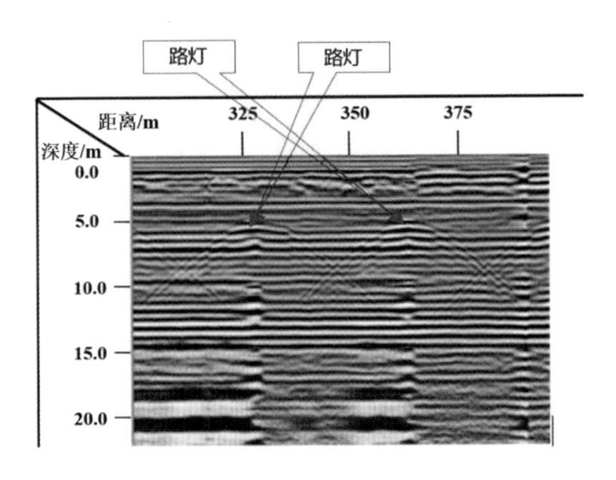

图 3-1-5 地下管线影响地质雷达和音频大地电磁法等电磁法资料品质

②震动干扰

城市地球物理勘探工作中，往往会遇到车辆震动、大型施工工地、厂房以及行人来往走动等产生的震动干扰。震动干扰主要会对面波、浅层地震反射、微动等地震方法带来噪声信号，其中车辆震动、行人来往走动干扰具有持续时间短、随机、能量变化大等特点，而大型施工工地、厂房等具有持续时间长且有规律、能量较强等特点（如图 3-1-6、图 3-1-7 所示）。

影响结果分析：震动干扰往往会给地震资料的原始单炮记录上形成一个能量较大的新震源，使得单炮记录质量下降。如车辆震动在排列的某几道附近对单炮记录带来低频干扰，在叠加剖面上表现为随机干扰，在建工地在原始单炮记录上则表现为较强远道低频干扰信号，且在排列上各接收道均可能存在干扰。

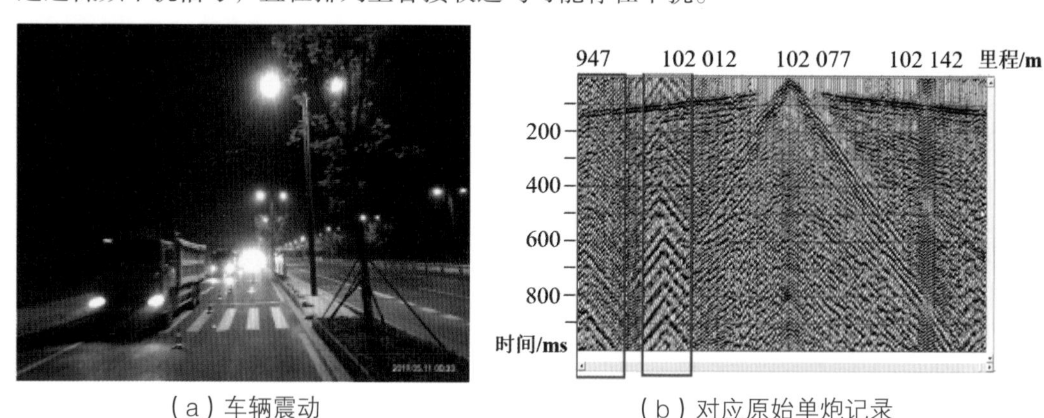

（a）车辆震动　（b）对应原始单炮记录

图 3-1-6 车辆震动及其对应的浅层地震原始单炮记录

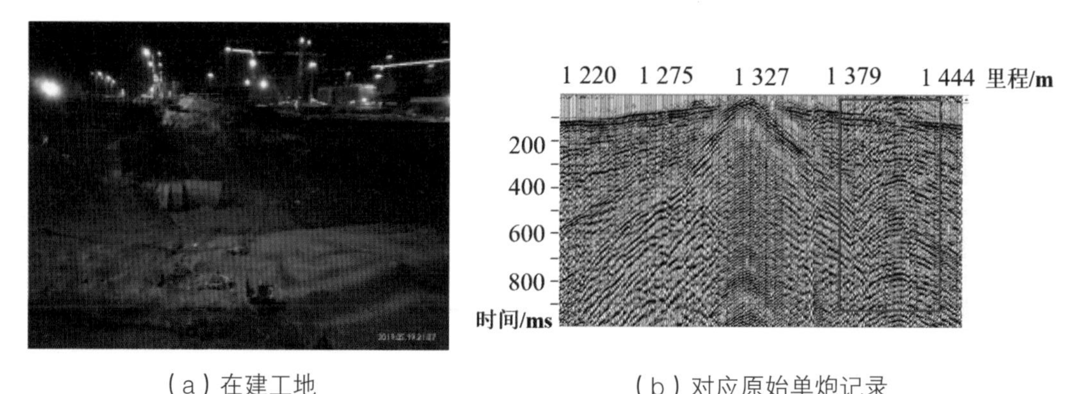

（a）在建工地　（b）对应原始单炮记录

图 3-1-7 在建工地震动干扰及其对应的浅层地震原始单炮记录

改进方法及思路：在开展浅层地震、面波、微动等工作时，应尽可能地避开车辆震动、人类活动较为剧烈的时间段，以最大限度地减少非有效声波信号对测量数据的干扰。在强干扰信号条件下，通过多次叠加压制车辆震动、行人来往走动等随机干扰，同时在解释过程中采用高密度电法和测井资料为参考基准对浅层地震和微动台阵数据及时进行检测和校验。

2）复杂地质环境

城市地球物理勘探的地质环境套件，包括水文地质条件、活动断裂、地面沉降、地温场变化及有害气体、软土分布等会对地球物理资料带来一定程度的影响，尤其是第四系内部物质条件组成，对地球物理资料影响程度较高。

成都市地下地质结构较为复杂，西部平原区第四系沉积厚度较大，随着新津—德阳隐伏断裂的改造作用，中部过渡区第四系埋深逐渐变浅，厚度变薄，到东部台地区有灌口组基岩出露。已建城区内可开展工作的地段一般为硬化路面，其下是素填土、杂填土之类，地表横向的不均匀，加上硬化路面，不仅影响探测设备（如检波器、电极等）的耦合效果，同时对地震波的吸收衰减、电阻率供电效果带来不同程度的影响，使得物探成像质量出现差异。另外，由于灌口组岩性变化较小，膏岩层厚度较薄，地下水分布多样（包括第四系松散孔隙水、红层裂隙水等），导致地层内部物性差异不明显，物探资料对中深层的地质结构分辨率大大降低。

国际生物城出露第四系磨盘山组黏土和砂卵砾石层、第四系磨盘山组黏土及泥砂卵砾石层，少量出露白垩系灌口组粉砂质泥岩层，岩土体间物性差异不明显，反映物探采集的地质环境一般。

由于物探工作主要是分析特殊地质体的分布，而城市地下空间资源调查需要解决的一个重要问题则是探测地层结构，当特殊地质体（如空洞、采空区）以及特定地质结构（如冲洪积）等环境条件存在时，则可能会大大降低物探资料在地层结构探测方面的识别能力；因此，需要针对相应的地质问题和地质环境条件，选择合适的地球物理探测方法。

3.2 针对性措施

1）城市外部环境针对性措施

（1）针对建筑物密集，测线布置困难的措施

工作区内高楼林立，不可能参照一般矿山勘查或者工程勘查布设一定网度的剖面，比如需要充分考虑道路、楼房的影响，其改进方法及思路：

①测线无法按照直线布置时，采用折线或弯线采集原始资料

密集建筑物使得测线无法直线布置时，采用折线和弯线采集原始资料。在测线布置阶段，首先按照《浅层地震勘查技术规范》（DZ/T 0170—1997），物探测线按照折线布置时，最大转折角不超过 8°。当测线转折影响叠加效果时，采用弯线叠加方法布置观测系统（如图 3-2-1、表 3-2-1 所示）。

图 3-2-1 物探弯线工作布置图

表 3-2-1 成都市中心城区和国际生物城物探野外资料采集主要影响因素及其对施工和数据质量的影响总结表

<table>
<tr><th rowspan="2">物探方法影响因素</th><th colspan="2">管线</th><th colspan="3">障碍物</th><th colspan="2">交通</th><th colspan="3">地表条件</th></tr>
<tr><th>空中输电线与电缆</th><th>地下管道与管线</th><th>建筑物</th><th>在建工地</th><th>鱼塘</th><th>十字路口、铁路、高速路</th><th>车辆</th><th>地形</th><th>激发 / 接收条件</th><th>覆盖层松散程度</th></tr>
<tr><td>地质雷达</td><td>电磁干扰</td><td>含水地下水管道吸收屏蔽电磁法，地下空洞或其他管道产生干扰</td><td colspan="2">测线布设障碍</td><td>\</td><td>\</td><td>金属构架造成强反射干扰</td><td>\</td><td>天线与地面耦合不良</td><td>\</td></tr>
<tr><td>高密度电阻率法</td><td>\</td><td>造成低阻异常假象</td><td colspan="4">测线布设障碍</td><td>\</td><td>电阻率异常的形态位置改变</td><td>影响接地电阻</td><td>\</td></tr>
<tr><td>混合源面波法</td><td>\</td><td>\</td><td>测线布设障碍</td><td>施工产生的地面震动干扰</td><td>\</td><td>\</td><td>车辆引起的震动干扰</td><td>\</td><td>检波器与地面耦合不良</td><td>\</td></tr>
<tr><td>等值反磁通瞬变电磁法</td><td colspan="2">强电磁场干扰</td><td>测线布设障碍</td><td>测线布设障碍及电磁干扰</td><td>\</td><td>\</td><td>车辆产生电磁场干扰</td><td>\</td><td>\</td><td>\</td></tr>
</table>

续表

物探方法影响因素	管线		障碍物			交通		地表条件		
	空中输电线与电缆	地下管道与管线	建筑物	在建工地	鱼塘	十字路口、铁路、高速路	车辆	地形	激发/接收条件	覆盖层松散程度
音频大地电磁法	强电磁场干扰		测线布设障碍及电磁场干扰		测线布设障碍		车辆产生电磁场干扰	地形倾斜影响掩盖或改变异常体响应	影响接地电阻	\
微动	\	\	观测台阵布设障碍	施工产生的地面震动干扰	\	\	车辆引起的震动干扰	\	检波器与地面耦合不良	\
浅层地震反射波法	电磁干扰	电磁干扰及反射干扰	测线布设障碍	测线布设障碍及施工产生的地面震动干扰	测线布设障碍		车辆引起的震动干扰	地形起伏较大影响观测系统设计与测线布设	检波器与地面耦合不良	\
综合测井	\	游离电场影响自然电位曲线	\	\	\	\	\	\	\	松散程度高导致井壁易垮塌

续表

物探方法影响因素	管线		障碍物			交通		地表条件		
	空中输电线与电缆	地下管道与管线	建筑物	在建工地	鱼塘	十字路口、铁路、高速路	车辆	地形	激发/接收条件	覆盖层松散程度
波速测试	\	\	\	\	\	\	\	\	\	松散程度高，导致井壁易垮塌
孔内成像	\	\	\	\	\	\	\	\	\	松散程度高，导致井壁易垮塌

②见缝插针、因地制宜变换观测系统

工区内主要开展的地球物理勘探手段为二维浅层地震，对于地物变化大的测线段，如遇到建筑物密集、跨大型公路和大型立交桥时，需要因地制宜改变观测系统，如：

见缝插针——在大型建筑物中间位置选择震源车能够进入的区域恢复炮点；

就近恢复——在大型建筑物或者大型公路、立交桥的两端就近位置恢复炮点，尽量保证覆盖次数。

（2）针对人文活动干扰的措施

改进方法及思路：

①夜间施工时段普遍为 22：00 至次日凌晨 06：00，施工前后技术人员和民工出行时采取集中上车、安全送回的方式，保证工作人员的出行安全。施工过程中所有工作人员均穿有反光背心，施工现场设立安全警示牌。

②现场设有专职安全人员，随时观察来往车辆情况，遇到危险情况及时提醒。

③所有人配备对讲机，以便及时沟通。

④及时做好来往人员协调事宜，减少当地群众对物探工作的干扰；同时做好沟通解释，避免因物探工作供电导致的电击事故发生。

⑤加强夜间施工安全管理，测线布设完成后，技术人员加强来回巡查，并认真观察过往行人与车辆。

⑥做好工作标识，引起行人、车辆的注意。

⑦由于工作时间段跨度比较大，在寒冬时节，夜间气温低的情况下，为保障工作人员身体健康，配备了保暖衣物、热水、热食物等；在酷暑时分，配备防中暑的药品，实时不间断供应矿泉水、饮料等。

⑧涉及夜间施工时，物探负责人必须向公司负责人报备，汇报工作时间、工作地点、人数等。

⑨加强巡查，减少因物探施工给来往群众带来的影响。

（3）针对影响原始资料的干扰源的措施

城市地球物理勘探的干扰源主要分电磁波干扰源和是声波干扰源 2 类。

①强电磁干扰

改进方法及思路：在开展电磁法工作时，在设计测线阶段必须提前进行实地踏勘，尽量避开工业用高压线，避开或远离地下管网，尽可能地减少测线与管线的接触面积。在高电磁波信号干扰环境下，应以浅层地震、测井资料为参考基准对电磁法数据及时进行检测和校验。

地震施工时，如果无法避开高压线、地下管线等干扰源，依据干扰源频率高于有效波频率的特点，在资料处理阶段采用频率域滤波等方式进行压制。

②震动干扰

改进方法及思路：在开展浅层地震、面波、微动等工作时，应尽可能地避开飞机干扰、车辆震动、人类活动较为剧烈的时间段，以最大限度地减少非有效声波信号对测量数据的干扰。在强干扰信号条件下，通过多次叠加压制车辆震动、行人来往走动等随机干扰，同时在解释过程中采用高密度电法和测井资料为参考基准对浅层地震和微动台阵数据及时进行检测和校验。

2）复杂地质环境的针对性措施

针对本次工作面临的复杂地质环境，所采取的措施（见表 3–2–2 所示）：

（1）充分利用以往地质、物探、钻探成果，以“旧数新用，新旧结合”的方式开展综合研究。

（2）充分利用钻孔的测井资料，以同一岩土体的多种地球物理参数为基础，分析其差异性，指导地表物探的解译工作。

表 3–2–2 成都市中心城区和国际生物城物探野外资料采集主要影响因素应对措施总结表

物探方法影响因素	管线		障碍物			交通		地表条件		
	空中输电线与电缆	地下管道与管线	建筑物	在建工地	鱼塘	十字路口、铁路、高速路	车辆	地形	激发 / 接收条件	覆盖层松散程度
地质雷达	详细记录避免误认为有效波	详细记录，后期去噪处理	天线极化方向与建筑物走向垂直		\	\	车辆远离后继续采集	\	天线垂直离开地面一定距离	\
高密度电阻率法	\	可适当偏离测线，远离地下金属管道	可适当偏离测线				\	合理布设测线、采集数据进行地形校正	向电极处浇灌盐水	\
混合源面波法	\	\	适当偏离测线	停止施工的时间段快速采集	\	\	待车辆驶离后快速采集	\	采取相应的检波器埋置措施（垫片 + 石膏等）	\

续表

物探方法影响因素	管线		障碍物			交通		地表条件		
	空中输电线与电缆	地下管道与管线	建筑物	在建工地	鱼塘	十字路口、铁路、高速路	车辆	地形	激发 / 接收条件	覆盖层松散程度
等值反磁通瞬变电磁法	适当偏移测点并详细记录或调整参数		适当偏移测点并详细记录或调整参数	适当偏移测点并详细记录或调整参数	\	\	待车辆驶离后采集，做好安全措施	\	\	\
音频大地电磁法	适当偏移测点并详细记录或调整参数且实测测区电磁干扰情况		改变观测装置可避开障碍；调整参数可压制干扰		适当偏移测点并详细记录		错峰施工，并延长观测时间压制随机干扰	合理布设测点、带地形反演或数值模拟校正	向极坑内浇灌盐水向极坑内浇灌盐水	\
微动	\	\	改变观测台阵的布置或适当偏离测点	停止施工的时间段快速采集	\	\	延长观测时间压制来往车辆震动产生的随机干扰	\	采取相应的检波器埋置措施（垫片 + 石膏等）	\
浅层地震反射波法	尽量避开，无法避开后期去噪处理	尽量避开，无法避开后期去噪处理	合理设计观测系统，加长排列加密炮点以保证覆盖次数	错峰施工，夜间施工	合理设计观测系统，加长排列加密炮点以保证覆盖次数		错峰施工，夜间施工	合理设计观测系统，适当偏离测线	采取相应的检波器埋置措施（埋置于泥饼中）	\

续表

物探方法影响因素	管线		障碍物			交通		地表条件		
	空中输电线与电缆	地下管道与管线	建筑物	在建工地	鱼塘	十字路口、铁路、高速路	车辆	地形	激发/接收条件	覆盖层松散程度
综合测井	\	后期自然电位曲线修正	\	\	\	\	\	\	\	通孔、洗孔
波速测试	\	\	\	\	\	\	\	\	\	通孔、洗孔
孔内成像	\	\	\	\	\	\	\	\	\	通孔、洗孔

4 针对特定地质体物探精细识别

选择试验剖面的原则，第一主要考虑地质情况，第二考虑已建城区，人文干扰一般较郊区、山区大。根据成都市国际生物城所处地质条件，选择在生物城中路开展试验剖面，编号 SⅢ，三处具有一定代表意义的地段开展试验工作，总结梳理城市地质调查中物探工作手段的适应性以及针对特定目标体识别问题。

4.1 第四系物探方法精细识别

4.1.1 测井资料划分第四系层位识别与精度分析

1）第四系全新统人工堆积层（Qh^{ml}）

第四系全新统人工堆积层主要为素填土和杂填土，素填土的厚度一般较薄，一般在 0~1.5 m 之间，平均为 0.69 m；杂填土的厚度也较薄，一般在 0.5~6.3 m 之间，平均为 1.6 m；整个第四系全新统人工堆积较薄，一般在 0~6.3 m 之间，平均为 0.83 m。

工区内第四系全新统人工堆积层厚度较薄，基本位于水位以上，测井只有自然伽马和补偿密度对这一层有反应，但自然伽马和补偿密度对第四系更新统的黏土和全新统的填土分辨率低，不能划分这两套层位，因此综合测井将该层与下伏更新统的黏土合为一层解释。

2）第四系全新统资阳组（Qp^3-Qh*z*）

根据钻孔资料显示，本工区只有 ZK15、ZK19、ZK20、ZK27、ZK28 共 5 个钻孔钻遇了第四系全新统资阳组（Qp^3-Qh*z*），如图 4-1-1 所示，工区仅在部分钻孔一小段砂卵石层获得比较完整的测井资料。从曲线特征来看，资阳组砂卵石层电阻率相对基岩段较低，密度值较低，而资阳组的砂卵砾石层与黏土层自然伽马曲线值差异较小，难以分辨，从测井资料上推测，资阳组砂卵砾石层含有较多的黏土，导致两者之间的测井曲线特征差异较小。

工区内资阳组砂卵砾石层含有较多的黏土，难以通过测井划分第四系全新统（Qp^3-Qh*z*）的黏土和砂卵砾石层，测井划分的结果依赖于地质编录的成果，其精度虽然能与地质保持一致，但是在不取心或者取心率低的地方不能达到地质目的。

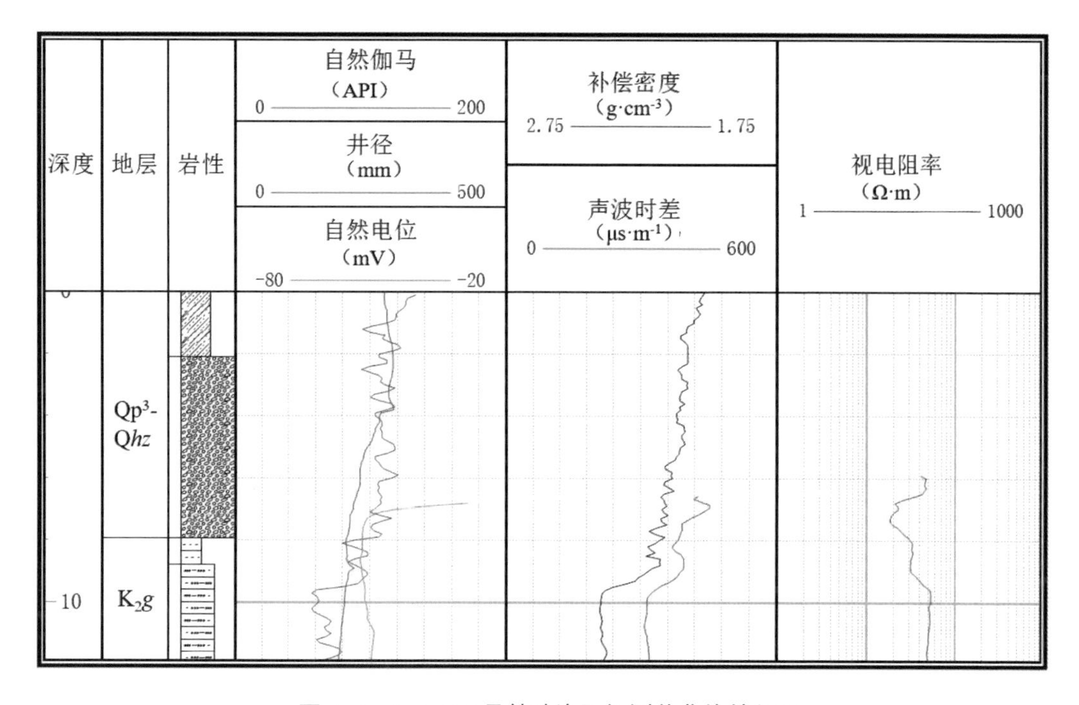

图 4-1-1 ZK15 号钻孔资阳组测井曲线特征图

3）第四系下更新统—中更新统牧马山组（$Qp^{1\text{-}2}m$）

根据钻孔资料显示，本工区有 ZK02、ZK03、ZK07、ZK08、ZK11、ZK12、ZK13、ZK14、ZK16、ZK17、ZK18、ZK23、ZK25、ZK26、ZK29 共 15 个钻孔钻遇了第四系下更新统—中更新统牧马山组（$Qp^{1\text{-}2}m$），其中 ZK08、ZK14 和 ZK26 号钻孔牧马山组的地层最厚，如图 4-1-2 所示。工区磨盘山组未获得完整的测井曲线，从曲线特征来看，牧马山组砂卵石层电阻率相对基岩段较低，密度值较低，与黏土层自然伽马曲线值差异较小，同时由于下伏基岩岩芯变化较大，故两者的自然伽马值差异也较小，从测井资料上推测，牧马山组砂卵砾石层也含有较多的黏土，导致砂卵石层与黏土之间的测井曲线特征差异较小。

4）第四系下更新统磨盘山组（$Qp^{1}mp$）

根据钻孔资料显示，本工区有 ZK01、ZK04、ZK05、ZK06、ZK09、ZK10、ZK22、ZK24 共 8 个钻孔钻遇了第四系下更新统磨盘山组（$Qp^{1}mp$），其中 ZK01、ZK05、ZK06 和 ZK24 号钻孔磨盘山组地层较厚，如图 4-1-3 所示。工区磨盘山组位于水位以上，未获得完整的测井资料，从曲线特征来看，磨盘山组卵石层自然伽马值相对黏土层的自然伽马值较小，反映磨盘山组砂卵石层的黏土质含量相对其他地层的黏土质含量较少，与本层组内的黏土具有一定的地球物理特征差异，与钻探显示具有一定的对应性，识别精度相对较高。

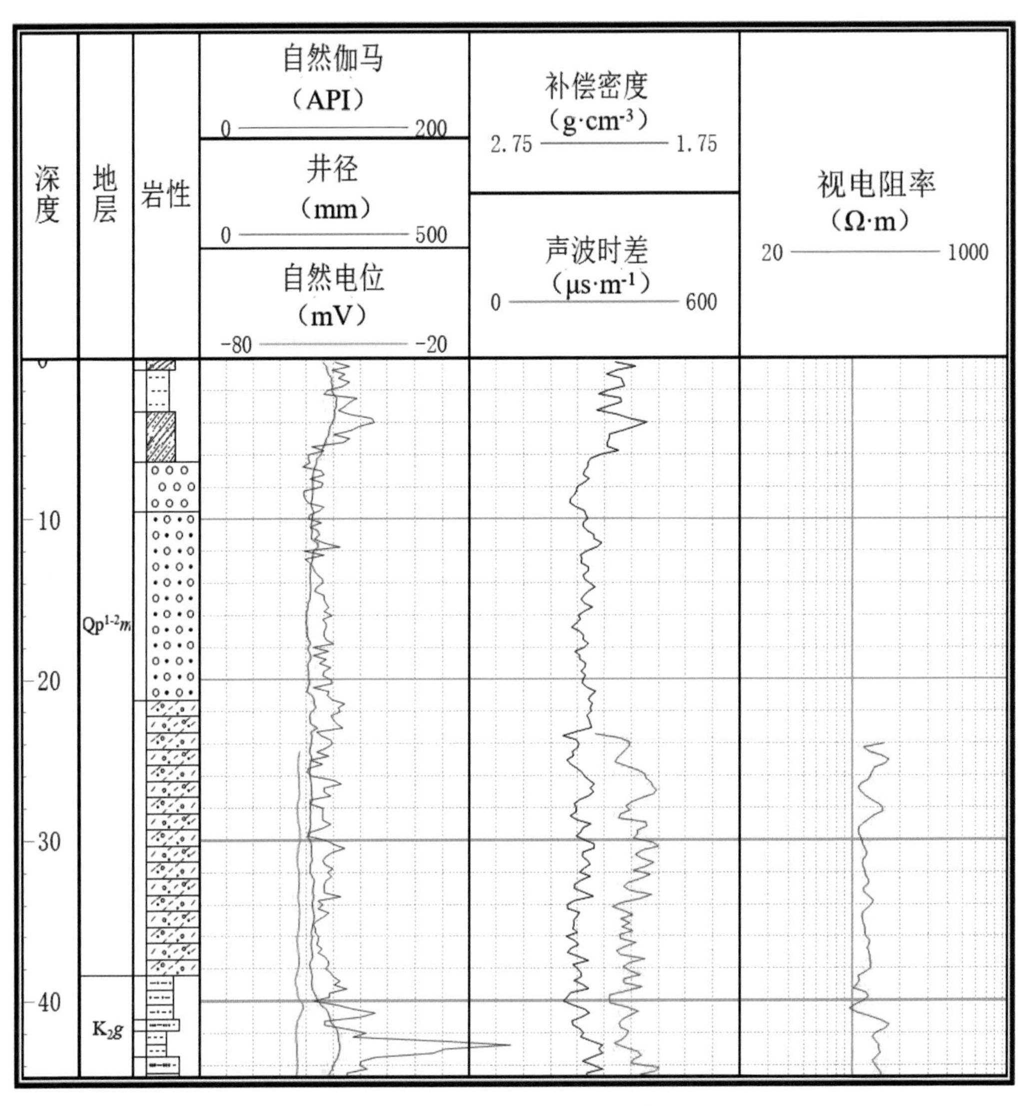

图 4-1-2 牧马山组测井曲线特征图

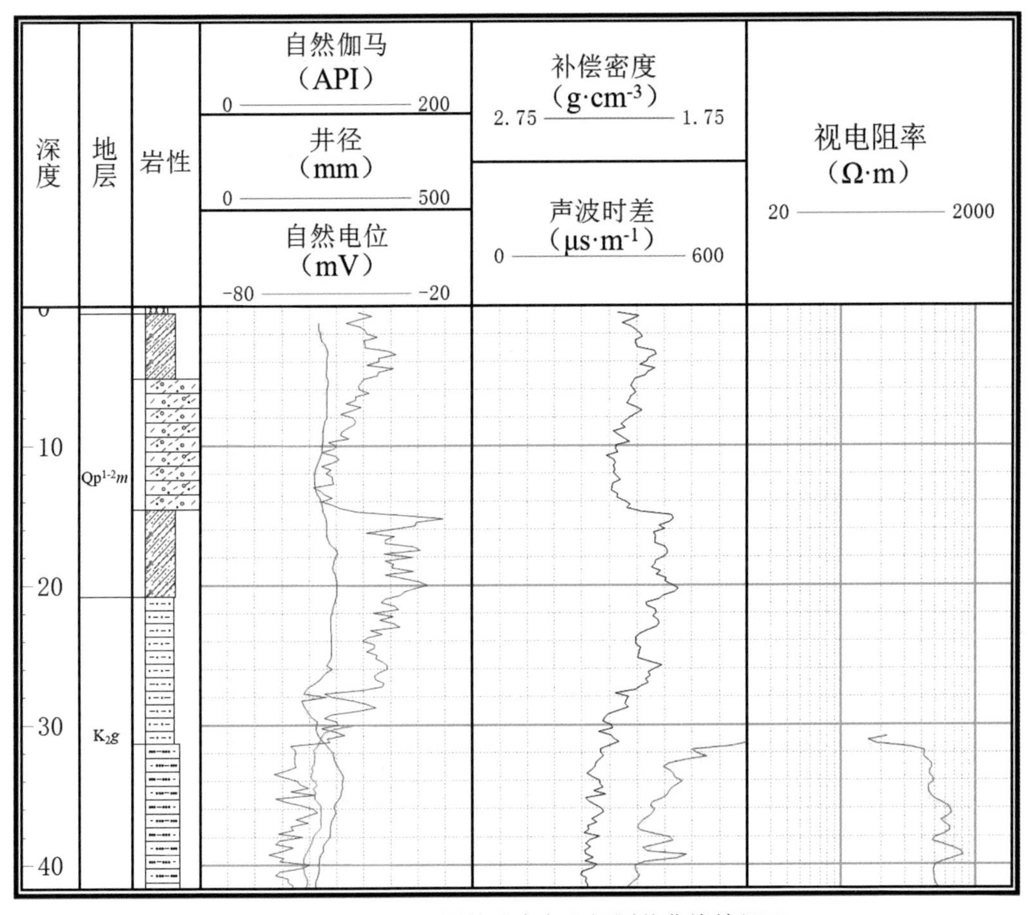

图 4-1-3 ZK06 号钻孔磨盘山组测井曲线特征图

4.1.2 综合物探划分第四系层位识别与精度分析

1）利用测井资料分析多方法划分第四系的效果与精度

从测井资料中获知，第四系内部地层黏土与砂卵石地球物理特性差异不明显，由于国际生物城钻孔资料较多，且试验剖面上 ZK12 号钻孔深度达到 300 m，有助于明确 0~300 m 结构划分精细对比，本次研究利用国际生物城物探试验剖面 S Ⅲ邻近钻的孔分层数据（图 4-1-4），通过测井资料标定地面物探成果，并细致分析不同各物探剖面上地球物理特征差异，开展第四系层位划分研究。

（1）钻孔第四系特征

据国际生物城试验剖面 S Ⅲ邻近 ZK12 号钻孔第四系为中上更新统牧马山组（$Qp^{1\text{-}2}m$）的粉质黏土和卵砾石土，其中粉质黏土厚度为 2.1 m，卵砾石土厚度为 14 m，经测井资料显示，该孔水位在 11.1 m，水位以下第四系卵砾石土视电阻率呈明显低阻的特点，平均为 5Ω·m，卵砾石土纵波速度较低，平均为 2 080 m/s，剪切波速度平均为 406 m/s。第四系上部黏土的剪切波速度平均为 161 m/s。

（2）S Ⅲ测线地形地貌特征

S Ⅲ试验剖面测线区为台地丘陵地带，地形起伏较小，基本呈缓凹形（图 4-1-5，地势相对平缓。区内地貌主要受岩性，构造和外应力作用控制，地貌为构造剥蚀丘陵。

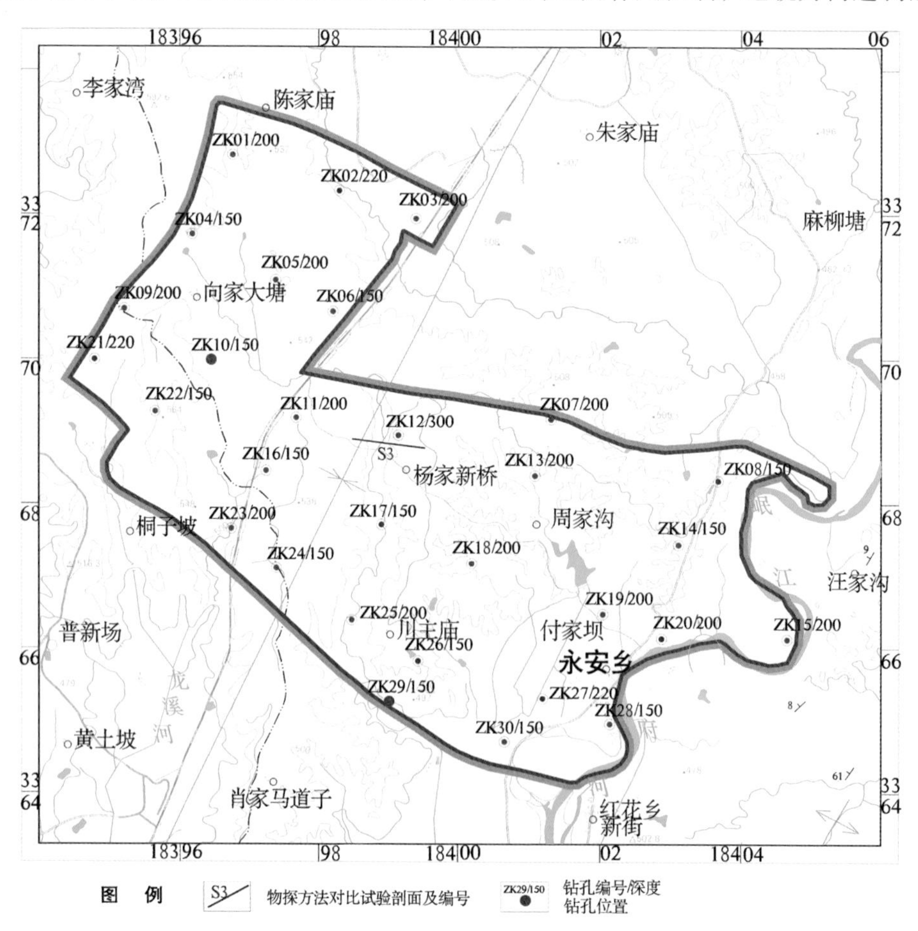

图 4-1-4 国际生物城 S Ⅲ试验剖面与邻近钻孔相对位置图

从测地观测的结果（图 4-1-6）图来看，S Ⅲ测线最大高差为 20 m，ZK12 号钻孔靠近 S Ⅲ测线缓凹形底部，推测其第四系厚度相对测线其他位置可能较厚。

图 4-1-5 国际生物城 S Ⅲ试验剖面地形地貌图

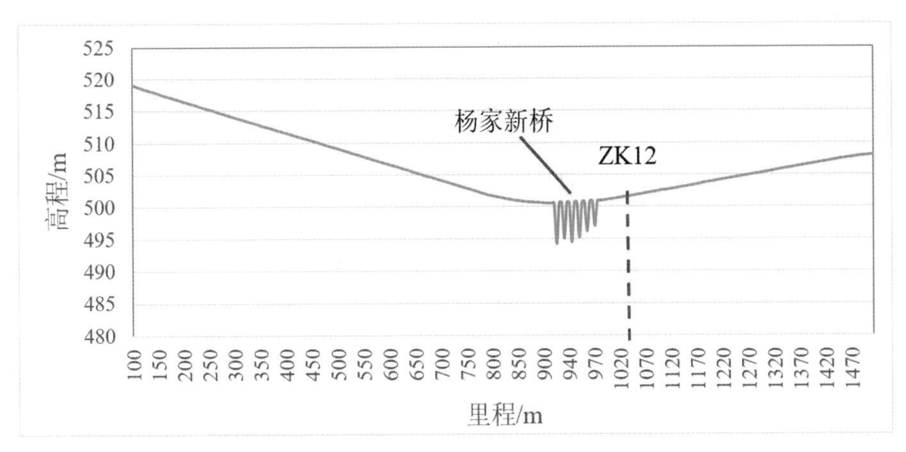

图 4-1-6 国际生物城 S Ⅲ高程图

（3）各物探剖面解释的第四系层位厚度

①混合源面波

混合源面波是通过面波反演的视横波速度，利用岩土体之间的波速差异，划分浅部地层结构及构造。

通过主动源面波推测的第四系层位（图 4–1–7）如下：

a. 底深 1.2~10 m，厚度 1.2~10 m，平均厚度约为 4.2 m，厚度变化较大，横波速度主要集中在 75~300 m/s，结合测井的波速测试结果，推断该层段为第四系牧马山组（$Qp^{1\text{-}2}m$）黏土层。

b. 底深 6~27 m，厚度 3~15 m，平均厚度约为 7.4 m，厚度变化较大，横波速度主要集中在 300~575 m/s，结合测井的波速测试结果，推断该层段为第四新牧马山组（$Qp^{1\text{-}2}m$）砂卵砾石层。

从主动源面波推测的结果来看，其划分的第四系黏土和砂卵砾石层的厚度与 ZK12 号钻孔的分层较为接近，且剪切波速度值与波速测试的结果也较为接近。通过 ZK12 号钻孔上第四系分层结果与主动源面波划分第四系成果的对比表中可以看出，主动源面波划分的第四系层位与 ZK12 号钻孔位置较为接近，第四系黏土的分层误差为 –0.4 m，第四系卵砾石层的分层误差为 –4.5 m（见表 4–1–1）。

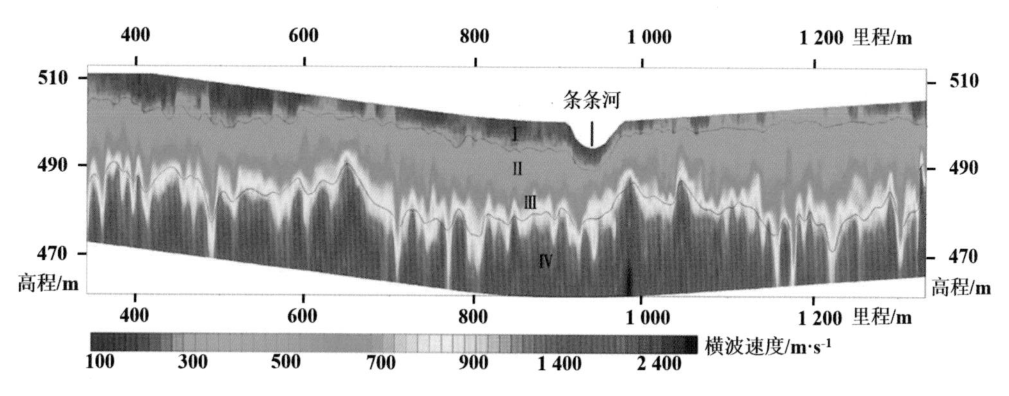

图 4–1–7 主动源面波划分第四系黏土及砂卵砾石层位成果图

表 4–1–1　S Ⅲ试验剖面混合源面波与 ZK12 号钻孔第四系分层对比表

单位：m

第四系层位	ZK12 号钻孔	主动源面波（深度/误差）	被动源面波（深度/误差）	（主动源面波 + 被动源面波）/2（深度 / 误差）
黏土	3	2.6 /–0.4	3.7 /0.7	3.15 /–0.15
卵砾石层	17	12.5 /–4.5	23.0 /6.0	17.9 /–0.9

通过被动源面波推测的第四系（见图 4–1–8）层位如下：

a. 底深 0~10 m，平均厚度约为 4.7 m，厚度变化较大，横波速度主要集中在 80~350 m/s，推断为第四系牧马山组（$Qp^{1-2}m$）黏土层。

b. 底深 8~20.7 m，厚度 4~15 m，平均厚度约为 8.0 m，厚度变化较大，横波速度主要集中在 300~560 m/s，推断该层段为第四新牧马山组（$Qp^{1-2}m$）砂卵砾石层。

从表 4–1–2 中可以看出，被动源面波划分的第四系层位与 ZK12 号钻孔位置较为接近，第四系黏土的分层误差为 0.7 m，第四系卵砾石层的分层误差为 6.0 m；当取取主动源面波和被动源面波的深度平均值作为第四系划分的层位时，黏土层和卵砾石的分层深度误差较小。被动源划分的第四系深度及厚度与 ZK12 号钻孔存在一定差异，且砂卵砾石层的厚度误差较大。分析原因，可能是被动源浅层分辨率不足，其浅层划分的第四系深度及厚度误差较大。

结合主动源面波与被动源面波划分的第四系结果，通过钻孔标定，可以看出，当主动源面波与被动源面波划分的第四系层位取平均值时，其分层深度和厚度与 ZK12 号钻孔较为接近，且误差较小，因此采用主动源面波与被动源面波联合解译的方式，其第四系分层效果较好，且深度误差在 1 m 以内，精度满足要求。

②等值反磁通瞬变电磁法

等值反磁通瞬变电磁法（OCTEM）是测量等值反磁通瞬态电磁场衰减扩散的一种新的瞬变电磁法。具体技术思路与方案为：以相同两组线圈相反方向电流产生等值反向磁通的电磁场时空分布规律，采用上下平行共轴的两组相同线圈为发射源，且在该双线圈源合成的一次场零磁通平面上，测量对地中心耦合的纯二次场。

等值反磁通瞬变电磁法（OCTEM）消除了接收线圈一次场的影响，从理论上实现了瞬变电磁法 0~100 m 浅层勘探。

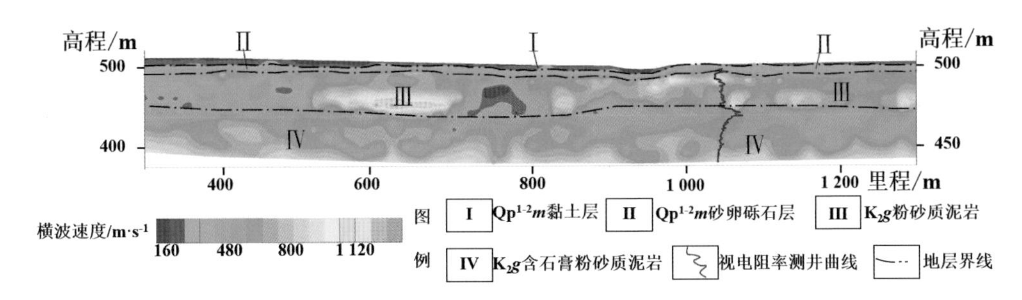

图 4–1–8 被动源面波划分第四系黏土及砂卵砾石层位成果图

通过等值反磁通瞬变电磁法推测的第四系（见图 4–1–9）层位如下：

a. 底深 3.0~8.5 m，厚度 3.0~8.5 m，厚度平均约为 5 m，自西向东厚度变薄，电阻率值一般低于 160 Ω·m，推断为第四系牧马山组（$Qp^{1\text{-}2}m$）黏土层。

b. 底深 14.8~17.8 m，厚度 10.2~13.5 m，厚度平均约为 12.3 m，电阻率一般低于 350 Ω·m，推断为第四系牧马山组（$Qp^{1\text{-}2}m$）砂卵砾石层。

从等值反磁通瞬变电磁法推测的结果来看，其划分的第四系黏土和砂卵砾石层的厚度与 ZK12 号钻孔的分层较为接近。通过 ZK12 号钻孔上第四系分层结果与等值反磁通瞬变电磁法划分第四系成果的对比表中可以看出，等值反磁通瞬变电磁法划分的第四系层位与 ZK12 号钻孔位置较为接近，等值反磁通瞬变电磁法推测的黏土层与钻孔深度误差为 0.37 m，等值反磁通瞬变电磁法推测的卵砾石层与钻孔深度误差为 –0.21 m。因此，可认为等值反磁通瞬变电磁法识别第四系的效果较好，经钻孔标定后其解释的层位深度误差在 12% 左右（见表 4–1–2）。

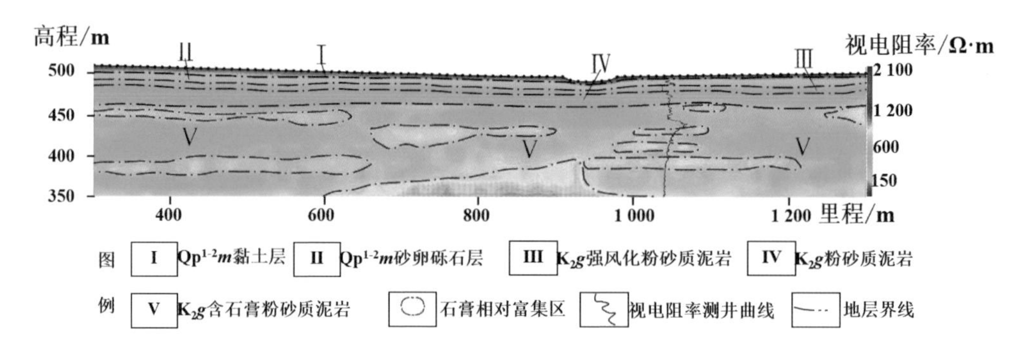

图 4–1–9 S Ⅲ 测线等值反磁通推断解释成果图

表 4–1–2 S Ⅲ试验剖面混合源面波与 ZK12 号钻孔第四系分层对比表

单位：m

第四系层位	ZK12 号钻孔	等值反磁通瞬变电磁法（深度 / 误差）
黏土	3	3.37 /0.37
卵砾石层	17	16.79 /–0.21

③探地雷达法

探地雷达分 40 MHz 天线和 100 MHz 天线两种，40 MHz 天线雷达解释深度为 30 m

以浅，100 MHz 天线雷达可探测深度为 20 m 以浅。通过分析两种不同频段的探地雷达成果（见图 4–1–10），可以明显看出，两者推断的地层结构基本类似，深度也较为接近。

a.100 MHz 天线成果推断

利用 100 MHz 天线的探地雷达，将生物城 S Ⅲ号试验剖面纵向自上而下分别解释为填土，第四系牧马山组（$Qp^{1\text{-}2}m$）黏土层与第四系牧马山组（$Qp^{1\text{-}2}m$）砂卵砾石层，白垩系灌口组（K_2g）强风化泥岩层。

ⓐ填土

厚度为 0.70~1.47 m，为试验剖面的公路混凝土及填土段。

ⓑ第四系牧马山组（$Qp^{1\text{-}2}m$）黏土层

底界深度 3.12~3.55 m，厚度为 2.15~2.43 m，解释为第四系牧马山组黏土层。

ⓒ第四系牧马山组（$Qp^{1\text{-}2}m$）砂卵砾石层

底界深度 13.68~14.59 m，厚度为 10.75~11.74 m，解释为第四系牧马山组砂卵砾石层。

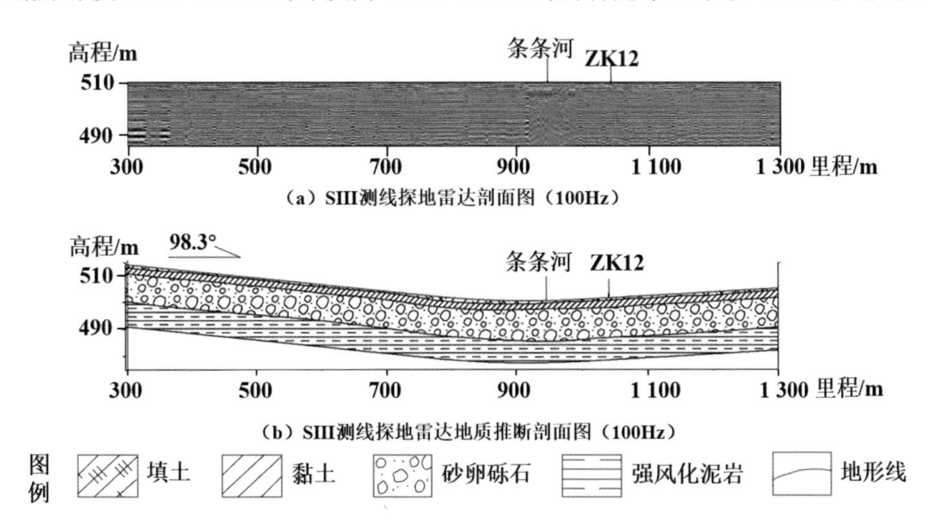

图 4–1–10 国际生物城 S Ⅲ 测线探地雷达 100Hz 推断解释成果图

b.40 MHz 天线成果推断

ⓐ填土

厚度为 1.79~2.58 m，为试验剖面的公路混凝土及填土段。

ⓑ第四系牧马山组（$Qp^{1-2}m$）黏土层

底界深度 4.78~5.52 m，厚度为 2.98~3.62 m，解释为第四系牧马山组黏土层。

ⓒ第四系牧马山组（$Qp^{1-2}m$）砂卵砾石层

从 40 MHz 雷达反演图（见图 4-1-11）可以看出，第四系牧马山组黏土层以下未见明显强反射层，推测其下的第四系牧马山组砂卵砾石层与强风化层在该频率的雷达图上难以准确区分。

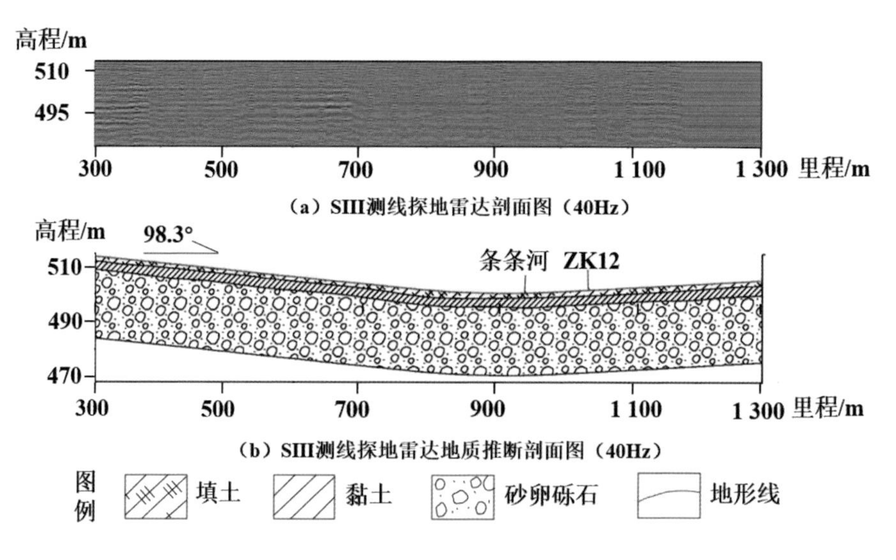

图 4-1-11 SⅢ测线探地雷达 40Hz 推断解释成果图

从探地雷达法推测的结果来看，40 MHz 划分的第四系黏土和砂卵砾石层的厚度与 ZK12 号钻孔的分层差异较大。100 MHz 天线探地雷达法划分的第四系卵砾石层位与 ZK12 号划分的结果较为接近，100 MHz 天线探地雷达法推测的黏土层与钻孔深度误差为 0.56 m，推测的卵砾石层与钻孔深度误差为 −2.35 m；40 MHz 天线探地雷达法推测的黏土层与钻孔深度误差为 1.75 m，推测的卵砾石层未见底（或难以与强风化泥岩层区分）。因此，可认为 100 MHz 天线的探地雷达法在第四系识别方面效果相对较好，其划分的深度误差在 20% 左右，40 MHz 天线的探地雷达法在第四系识别方面效果较差（见表 4-1-3）。

表 4–1–3 S Ⅲ探地雷达法与 ZK12 号钻孔第四系分层对比表

单位：m

第四系层位	ZK12 号钻孔	探地雷达法（100 MHz 天线深度 / 误差）	探地雷达法（40 MHz 天线深度 / 误差）
填土	0.9	0.92	2.65 /1.75
黏土	3	3.56 /0.56	5.14 /2.14
卵砾石层	17	14.65 /–2.35	\

④高密度电法

高密度电法三种装置（温纳、斯伦贝谢尔、偶极）反演结果基本接近（见图 4–1–12），利用高密度电法将 S Ⅲ号试验剖面纵向由浅至深共分三段解释。

ⓐ温纳装置成果推断解释〔第四系牧马山组（$Qp^{1\text{-}2}m$）砂卵砾石层〕

电阻率值相对下伏地层呈相对高值，主要集中在 45 ～ 70 Ω·m 之间，底界深度为 10~40 m，岩性主要为砂卵砾石夹泥或砂，为本区第四系主要的含水层。

ⓑ斯伦贝谢尔装置成果推断解释第四系牧马山组（$Qp^{1\text{-}2}m$）砂卵砾石层〔第四系牧马山组（$Qp^{1\text{-}2}m$）砂卵砾石层〕

电阻率值相对下伏地层呈相对高值，主要集中在 40~80 Ω·m 之间，底界深度为 7~37m，岩性主要为砂卵砾石夹泥或砂，为本区第四系主要的含水层。

ⓒ偶极装置成果推断解释〔第四系牧马山组（$Qp^{1\text{-}2}m$）砂卵砾石层〕

电阻率值相对下伏地层呈相对高值，主要集中在 30~75 Ω·m 之间，底界深度为 9~33 m，岩性主要为砂卵砾石夹泥或砂，为本区第四系主要的含水层。

从高密度电法推测的结果来看，其对浅层第四系地层的分辨率较低，难以识别第四系的较薄的黏土层，只能划分第四系砂卵砾石层。划分的第四系黏土和砂卵砾石层的厚度与 ZK12 号钻孔的分层差异较大。S Ⅲ试验剖面混高密度电法与 ZK12 号钻孔第四系分层对比表见表 4–1–4。从表 4–1–4 中可以看出，高密度电法（温纳装置）划分的第四系卵砾石层位与 ZK12 号划分的结果较差别较小，其推测的卵砾石层与钻孔深度误差为 –1.80 m；高密度电法（斯伦贝谢尔装置）划分的第四系卵砾石层位与 ZK12 号划分的结果较差别较大，其推测的卵砾石层与钻孔深度误差为 –11.79 m；高密度电法（偶极装置）划分的第四系黏土层与 ZK12 号划分的结果较差别较小，深度误差为 –6.90 m。因此，

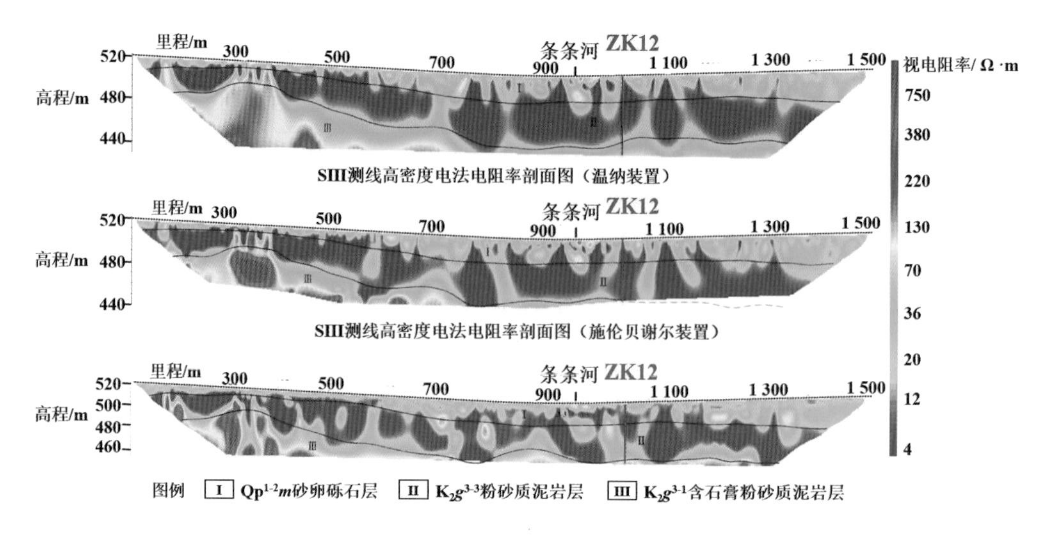

图 4-1-12 S Ⅲ 测线高密度分析及推断解释成果图

可认为高密度电法（温纳装置）在识别第四系底界深度的效果较好，深度误差在 12%左右，反映高密度电法能够较好地用来划分基覆界面。

表 4-1-4 S Ⅲ试验剖面高密度电法与 ZK12 号钻孔第四系分层对比表

单位：m

第四系层位	ZK12 号钻孔	高密度电法（温纳装置 深度 / 误差）	高密度电法（斯伦贝谢尔装置 深度 / 误差）	高密度电法（偶极装置 深度 / 误差）
黏土	3	\	\	\
卵砾石层	17	15.20 /–1.80	28.79 /–11.79	10.10 /–6.90

⑤二维浅层地震

由于第四系深度较浅，是二维浅层地震剖面探测的盲区，采用浅层层析成像的方法，利用反演的视横波速度差异划分第四系层位。通过前期钻孔研究已对该区第四系及基岩风化面岩性及速度特征进行了仔细的统计分析。其中，第四系表层土具有低密度、低纵波速度的特征，纵波速度大约处于 180~360 m/s 区间，黏土层纵波速度有所增大，大致位于 800~1 600 m/s 区间，其中砂质黏土速度普遍较大。砂砾卵石层具有密度大、速度高的特征，速度区间为 2 100~2 250 m/s，与下伏白垩系灌口组强分化层速度差异较小，因此速度上不易将两者区分。进入灌口组弱风化层后，纵波速度明显提高，基本处于2 500 m/s 以上。总之，从速度分析结果来看，本次大致可划分出两个速度界面，一个是第四系黏土层与下部砂砾卵石层（或灌口组强风化层）界面，一个是灌口组强分化层（包含部分第四系砂砾卵石层）与下部弱风化层界面（见表 4–1–5））。

表 4–1–5　S Ⅲ试验剖面二维浅层地震与 ZK12 号钻孔第四系分层对比表

单位：m

第四系层位	ZK12 号钻孔	二维浅层地震（深度 / 误差）
黏土	3	10.84/7.84
卵砾石层	17	20.88 /3.88

⑥音频大地电磁法

由于音频大地电磁法在浅部存在探测盲区，因此该方法不适宜用来划分第四系结构。

通过对国际生物城试验剖面的结果，对第四系层位识别效果较好的方法主要有混合源面波法、等值反磁通瞬变电磁法、高密度电法（温纳装置）。探地雷达法识别效果一般，几种物探方法对第四系的探测精度为：混合源面波法＞等值反磁通瞬变电磁法＞高密度电法（温纳装置）＞二维浅层地震（层析反演法）≈探地雷达法。最不适宜的方法为音频大地电磁法。

4.1.3 二维地震层析成像技术第四系划分与精度分析

在国际生物城已有统计的速度资料分析的基础上，将区内钻孔的第四系及白垩系强风化层的分层数据加到过井走时反演剖面，对第四系黏土层底界及强风化层底界进行了剖面标定。从标定结果来看，大多数钻孔第四系黏土层底界面落于 1 000 m/s 左右的速度界面附近，砂卵砾石层底界面与 V2=2 200 m/s 左右速度界面较为吻合，沿以上两个速度界面进行连续追踪，落实了第四系黏土层底界及砂卵砾石层沿各条二维地震测线的纵向分布。

以国际生物城Ⅲ – Ⅲ′ 线 和Ⅳ – Ⅳ′ 线第四系黏土层及砂卵砾石层分层结果为例，如图 4–1–13 和图 4–1–14 所示。

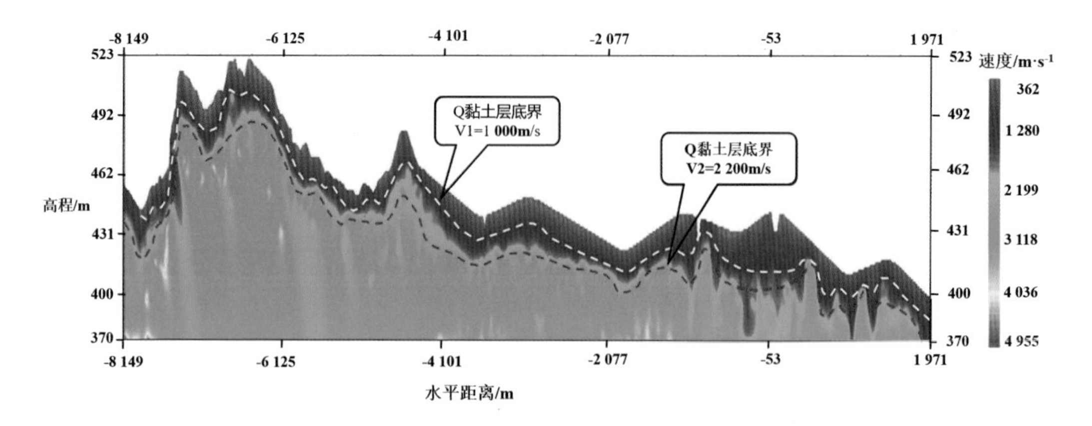

图 4-1-13 Ⅲ – Ⅲ′ 线第四系黏土层及 K_2g 强风化层底界展布情况

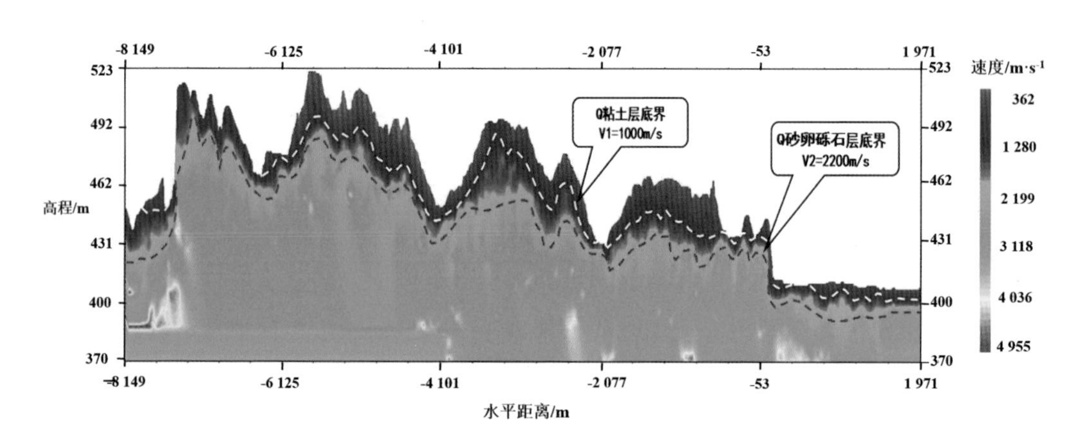

图 4-1-14 Ⅳ – Ⅳ′ 线第四系黏土层及 K_2g 强风化层底界展布情况

利用层析反演的结果，研究认为工作区内Ⅲ – Ⅲ′ 线第四系黏土层深度范围为 0~21 m，厚度范围为 0~21 m；第四系砂卵砾石层深度范围为 2~28 m，厚度范围为 1~8 m。整体上看，Ⅲ – Ⅲ′ 测线上第四系黏土层东边厚西边薄，砂卵砾石层厚度变化较小。Ⅳ – Ⅳ′ 测线第四系黏土层深度范围为 0~12.3 m，厚度范围为 0~12.3 m；砂卵砾石层深度范围为 7~25 m，厚度范围为 7~20 m。整体上看，Ⅳ – Ⅳ′ 测线上第四系黏土层中部厚东西边薄，砂卵砾石层厚度变化较大。

工作区第四系黏土层厚度平面分布图如图 4-1-15 所示，砂卵砾石层厚度平面分布图如图 4-1-16 所示。工作区内第四系厚度范围为 0~28.8 m。

利用钻孔划分的第四系黏土层与二维浅层地震解释的第四系黏土层进行对比，统计两者之间的误差，见表 4–1–6，从表 4.1–6 中可以看出，二维浅层地震解释的第四系底界面的平均误差为 3.29 m。

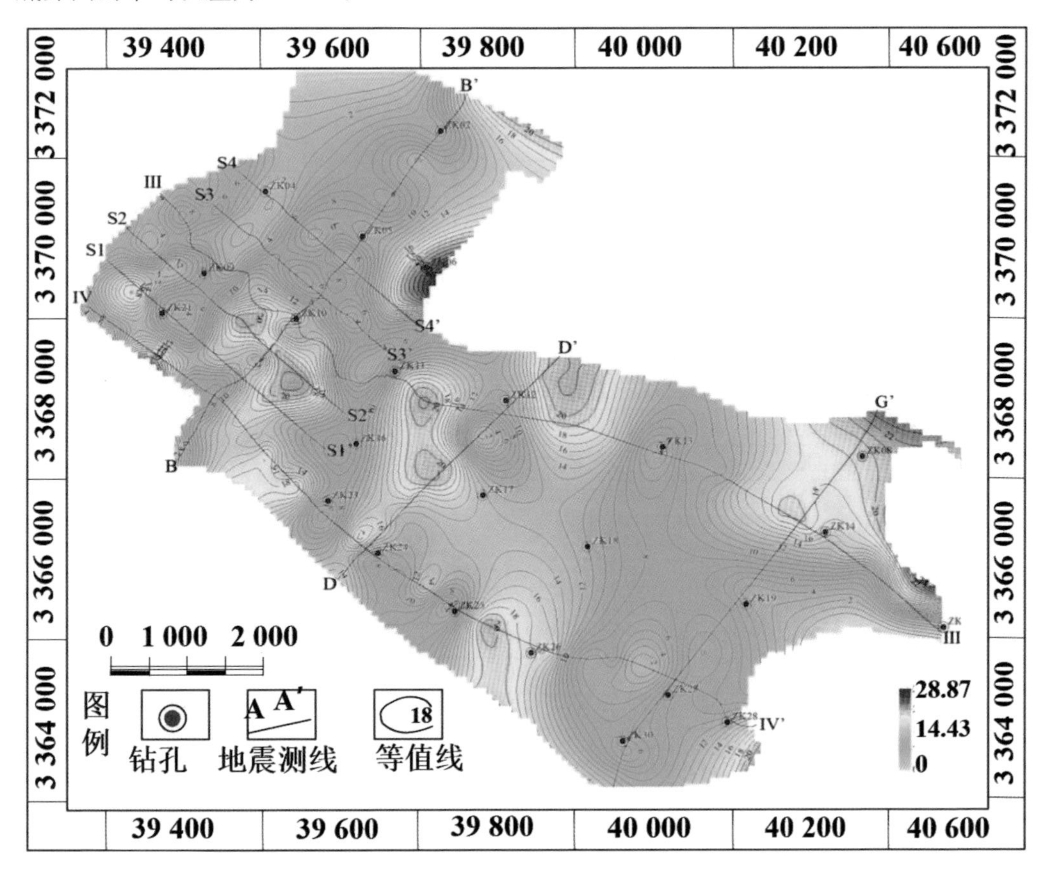

图 4–1–15 成都国际生物城第四系厚度平面分布图

表 4-1-6 二维浅层地震解释的第四系底界与钻孔第四系底界深度对比表

钻孔编号	钻孔底深 / m	二维地震预测底深 / m	误差 / m	钻孔与测线距离 / m
ZK01	17.30	/	/	1 550
ZK02	2.20	4.2	+2.1	108
ZK03	1.45	/	/	1 025
ZK04	2.10	3.0	+0.9	25
ZK05	16.80	14.6	–2.2	4
ZK06	20.20	22.5	+2.3	620
ZK07	20.70	/	/	880
ZK08	38.90	26.8	–12.1	128
ZK09	4.60	5.8	+1.2	100
ZK10	4.50	10.2	+5.7	3
ZK11	15.20	13.9	–1.3	80
ZK12	17.00	16.0	–1.0	186
ZK13	13.40	10.1	–3.3	91
ZK14	36.00	25.8	–10.2	63
ZK15	6.80	/	/	61
ZK16	6.00	8.4	+2.4	400
ZK17	4.10	9.7	–5.6	600
ZK18	4.40	/	/	1 400
ZK19	14.40	10.8	–3.60	113
ZK20	8.70	/	/	890
ZK21	0.25	3.4	+2.15	45
ZK22	1.60	4.0	+2.40	143
ZK23	4.60	6.7	+2.10	160
ZK24	19.50	15.8	–3.70	47
ZK25	2.10	5.2	+3.10	43
ZK26	20.50	20.0	–0.50	100
ZK27	15.00	12.9	–2.10	31
ZK28	7.76	11.8	+4.04	35
ZK29	10.65	15.3	+4.65	460
ZK30	6.30	6.0	–0.30	64
平均	11.82	11.79	3.29	\

4.2 基岩物探方法精细识别

4.2.1 利用测井资料开展基岩段识别与精度分析

1）钻孔揭露基岩特征

（1）灌口组

从国际生物城30个钻孔揭露的地层特征来看，工区内仅ZK20号孔和ZK15号钻孔钻穿了灌口组（K_2g）地层，其余钻孔均未钻穿灌口组（K_2g）地层；从钻遇灌口组地层岩性来看，本组地层岩性主要为粉砂质泥岩、泥质粉砂岩夹石膏和钙芒硝（见图4-2-1，图4-2-2）。

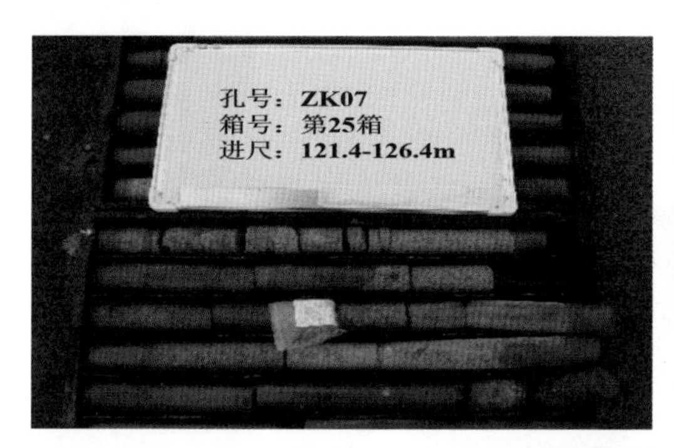

图4-2-1 灌口组泥质粉砂岩岩芯

图4-2-2 灌口组粉砂质泥岩岩芯

钙芒硝属于盐类矿物，其化学式为$CaSO_4 \cdot Na_2SO_4$，为一种复盐，主要含有单盐组分硫酸钙（$CaSO_4$）和单盐组分硫酸钠（Na_2SO_4）。钙芒硝在工区内通常与粉砂质泥岩和泥质粉砂岩伴生，形式为豆粒状、团块状、叶片状以及薄层状，表面积占比在10%~70%之间，厚度集中在1~3 cm（见图4-2-3）。

图 4-2-3 含钙芒硝岩芯

（2）夹关组（$K_{1-2}j$）

除含泥质粉砂岩和在泥岩外，还含粉砂岩、砂岩等岩性，其中粉砂岩厚度一般较薄。夹关组粉砂岩颜色主要为棕灰色，微风化，粉砂质结构，中厚层状构造，成分主要为石英，岩芯完整，岩质较硬（见图 4-2-4）。

图 4-2-4 夹关组粉砂岩岩芯

（3）天马山组

ZK15 号孔天马山组（K_1t）砂岩颜色主要为灰色，微风化，砂质结构，成分主要为石英，岩芯完整，岩质较硬（见图 4-2-5）。

图 4-2-5 天马山组砂岩岩芯

ZK15 号孔天马山组（K_1t）砂岩下部为泥质粉砂岩和粉砂质泥岩，颜色为棕红色、灰蓝色、紫红色、杂色，具微风化，泥质、粉砂质结构，中厚层状结构（见图 4-2-6）。

图 4-2-6 天马山组粉砂质泥岩岩芯

（4）蓬莱镇组

ZK15 号孔蓬莱镇组（J_3p）岩性主要为粉砂质泥岩和泥质粉砂岩，颜色主要为棕红色、灰蓝色、紫红色、杂色，微风化，泥质、粉砂质结构，薄—中厚层状结构，成分主要为石英，岩芯较完整，岩质较硬（见图 4-2-7）。

图 4-2-7 蓬莱镇组粉砂质泥岩和泥质粉砂岩岩芯

2）基岩段测井分层与精度分析

由于基岩段岩性变化较小，以粉砂质泥岩和泥质粉砂岩和钙芒硝层居多，受编录人员对岩芯认识不统一，单井测井分层与地质岩性判别结果差异较大。利用编录资料开展工区地层对比时，仅凭地质人员经验开展层位判识和对比时容易出现偏差，尤其是本地区岩性变化较小，钙芒硝层位较薄，芒硝矿层间的夹层厚度变化较大，不利于研究井间地层横向展布情况，测井曲线对地层岩性变化反应较为敏感，且测井曲线的相似相关性对于地层对比具有明显的优势，有助于分析井间地层的横向连线，建立本区域的空间地质结构。

（1）灌口组标准地层结构分层

为了统一本区域的标准基岩段的岩体地质结构，本次国际生物城主要采用测井的分层标准。该标准综合了钻孔编录和地质分层结果，符合本区域的地质规律。现以ZK12号钻孔为例，详细叙述国际生物城灌口组标准地层结构。工区内灌口组地层共分3段，分别为K_2g^3、K_2g^2和K_2g^1。

① K_2g^3地层分层结果（见图4–2–8）

K_2g^3地层位于含钙芒硝地层上部，与第四系地层呈不整合接触，厚度变化较大，岩性主要为粉砂质泥岩夹石膏，岩性较为单一，但受泥质含量和石膏分布不均的影响，纵向上测井曲线差异较为明显，利用测井曲线特征可将该段地层分为三个亚段，分别为K_2g^{3-3}、K_2g^{3-2}和K_2g^{3-1}。

K_2g^{3-3}岩性主要为粉砂质泥岩，该段地层与下伏地层顶界石膏层为分界面，由于受风化程度的影响，地层测井响应特征为相对高自然伽马，相对高声波时差和相对下伏地层低的电阻率。本组地层与第四系不整合接触，厚度变化较大。

K_2g^{3-2}顶部岩性为石膏层，与上覆K_2g^{3-3}地层以石膏为分界面，分界面处电阻率表现为明显高阻，自然伽马值较低，声波时差值较低。该组地层底界与下伏K_2g^{3-1}地层也以石膏层为分界面，表现为相对高阻，相对低的自然伽马值，和相对低的声波时差值。本组地层的岩性主要为粉砂质泥岩，夹石膏层。本组地层由于顶部石膏发育不均一，顶界面在普兴向斜西翼难以准确界定，厚度变化相对较大。

K_2g^{3-1}岩性主要为粉砂质泥岩，与上覆K_2g^{3-2}地层以石膏为分界面，分界面处电阻率表现为明显低阻，自然伽马值较高，声波时差值较大，该组地层底界与下伏K_2g^2地层也以含钙芒硝层为分界面，表现为相对低阻，相对高的自然伽马值，和相对高的声波时差值。K_2g^{3-1}在全区比较稳定，几乎冒火山断裂以西的钻孔均钻遇了该段地层，且厚度变化较小。因此，本段地层可作为标志层，便于全区连续追踪。

② K_2g^2地层分层结果（见图4–2–9）

K_2g^2地层位于为灌口组主要的含钙芒硝地层，该段地层在冒火山断裂以西广泛存在，且岩性变化较小，主要为含钙芒硝泥岩夹钙芒硝层，地层展布情况受普兴向斜控制，利用测井曲线特征，结合钙芒硝层发育情况，将该段地层纵向上分为八个亚段，分为三个含钙芒硝矿的主力层位：K_2g^{2-6}、K_2g^{2-4}、K_2g^{2-2} 和五个含钙芒硝泥岩夹层：K_2g^{2-8}、K_2g^{2-7}、K_2g^{2-5}、K_2g^{2-3}、K_2g^{2-1}。其中，K_2g^{2-8} 钙芒硝含量也较高，但整体较前述三个层位较低。由于该段地层与上部 K_2g^3 地层测井曲线差异明显，故将该段含钙芒硝泥岩单独划分出来。

K_2g^{2-8} 岩性主要为含钙芒硝泥岩。该段地层与上覆地层 K_2g^{3-1} 粉砂质泥岩测井曲线差异明显，测井响应特征为相对低自然伽马、相对低声波时差和相对高的电阻率以及相对高的密度值。

K_2g^{2-7} 岩性主要为粉砂质泥岩。该段地层与上覆地层 K_2g^{2-8} 含钙芒硝泥岩测井曲线差异明显，测井响应特征为相对高自然伽马、相对低声波时差和相对低的电阻率和相对较低的密度值。

K_2g^{2-6} 岩性主要为钙芒硝层与粉砂质泥岩互层。该段地层测井曲线变化较大，为工区内主要的芒硝矿富集层之一，相对上覆 K_2g^{2-7} 和下伏 K_2g^{2-5} 地层整体表现为相对低自然伽马、相对低声波时差和相对高的电阻率以及相对高的密度值。

K_2g^{2-5} 岩性主要为粉砂质泥岩。该段地层主要作用是区分下伏厚层的钙芒硝矿层（K_2g^{2-4}）和上覆 K_2g^{2-6} 含钙芒硝地层。该层厚度较薄，测井整体表现为相对高自然伽马，相对高声波时差和相对低的电阻率以及相对低的密度值。

K_2g^{2-4} 岩性主要为钙芒硝与粉砂质泥岩互层。该段地层含钙芒硝层位较多，主要的钙芒硝层位为 7 层，在本区冒火山断裂以西分布较为稳定。该层较厚且厚度变化较小，钙芒硝矿层与夹层粉砂质泥岩层成互层状分布，规律性较强，能够全区域对比追踪。该段地层测井整体表现为相对低自然伽马、相对低声波时差和相对高的电阻率以及相对高的密度值。

K_2g^{2-3} 顶部为含钙芒硝泥岩，下部为粉砂质泥岩。该段地层主要作用是区分下伏厚层的钙芒硝矿层（K_2g^{2-4}）和上覆 K_2g^{2-6} 含钙芒硝地层，该层厚度较薄，测井整体表现为相对高自然伽马、相对高声波时差和相对低的电阻率以及相对高的密度值。

K_2g^{2-2} 岩性主要为钙芒硝与粉砂质泥岩互层。该段地层共 3 层钙芒硝层位，钙芒硝层位虽厚度较薄但岩性较纯，测井整体表现为相对低自然伽马、相对低声波时差和

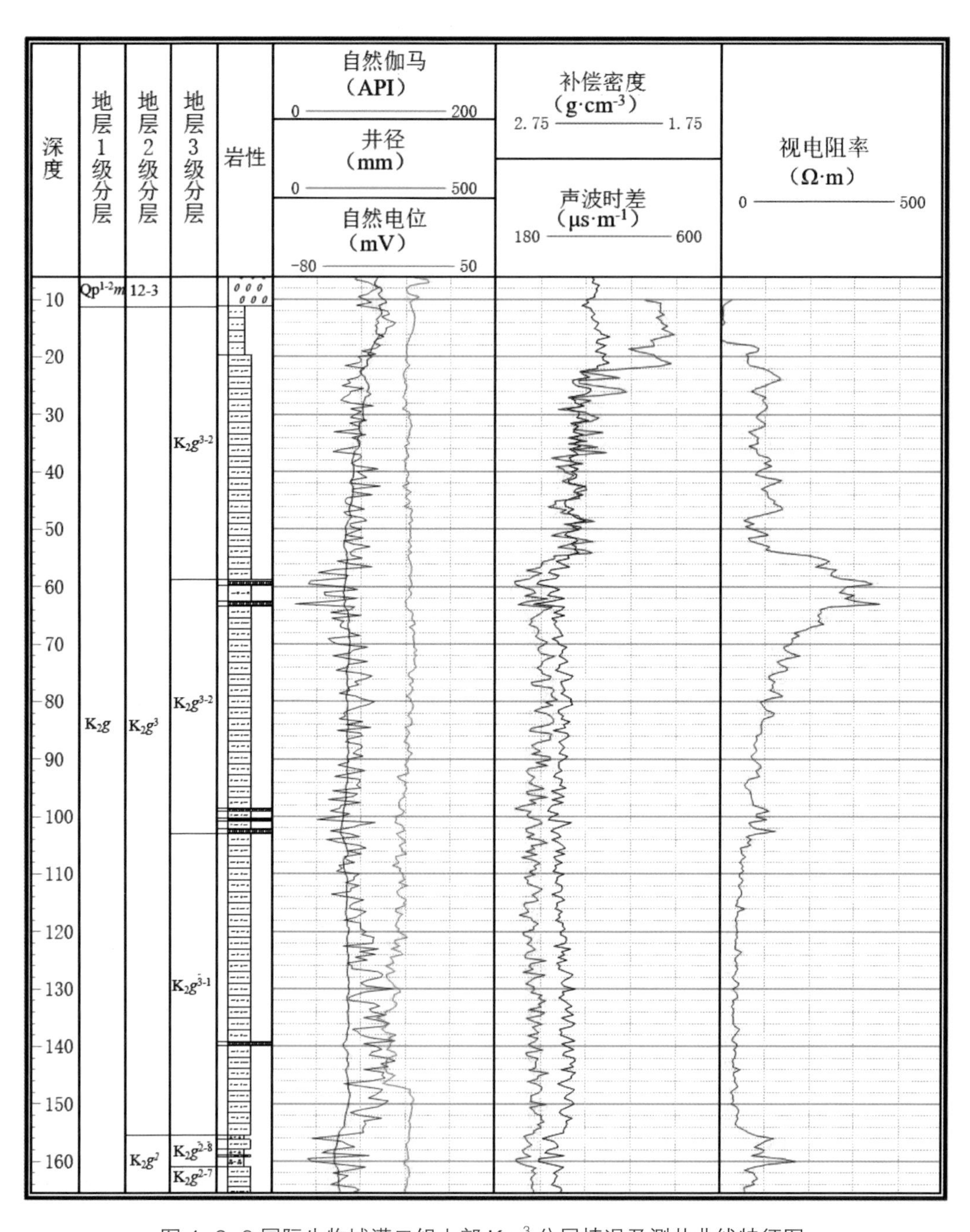

图 4-2-8 国际生物城灌口组上部 K_2g^3 分层情况及测井曲线特征图

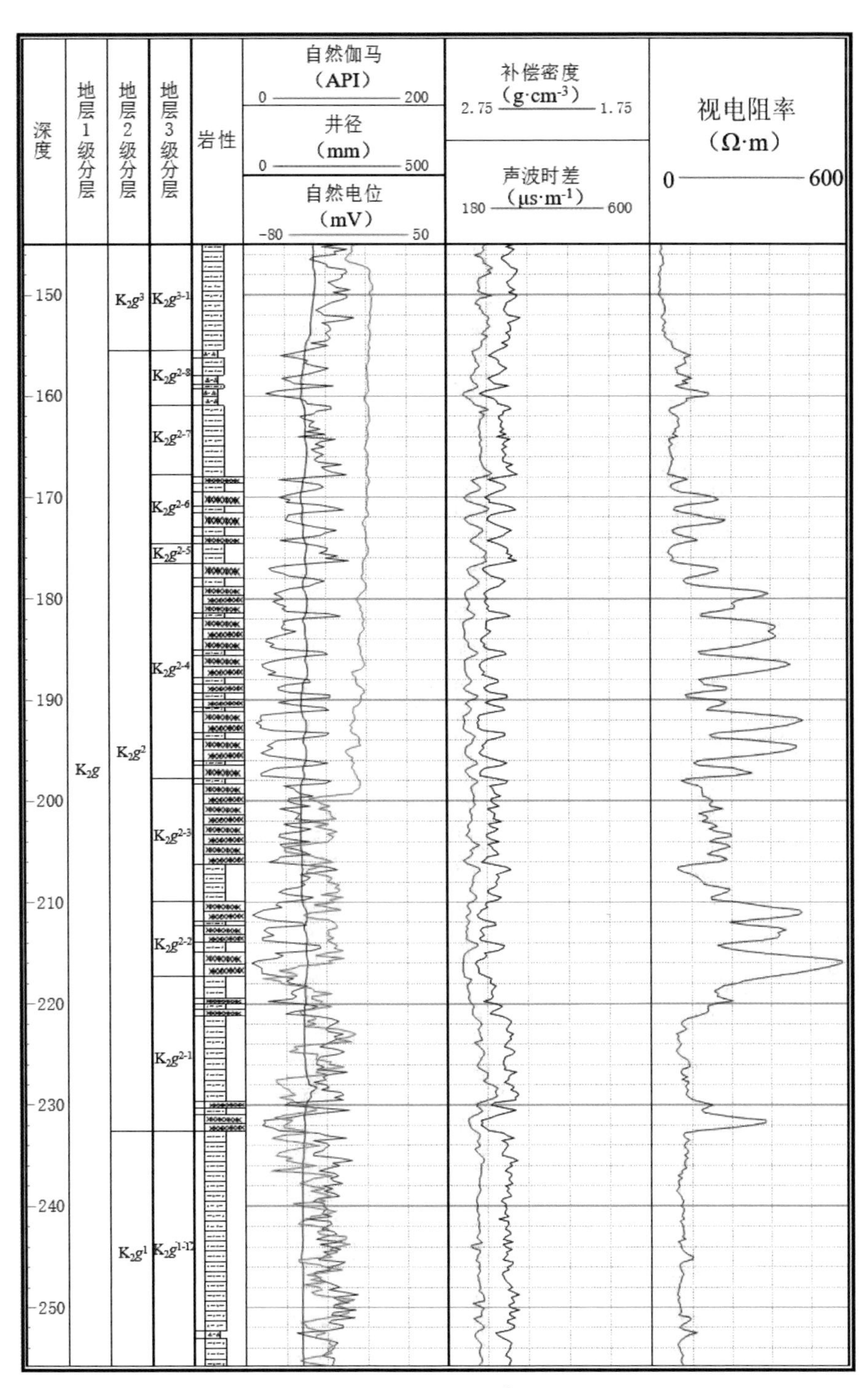

图 4-2-9 国际生物城灌口组含芒硝矿 K_2g^2 分层情况及测井曲线特征图

相对高的电阻率以及相对低的密度值。

K_2g^{2-1} 岩性主要为粉砂质泥岩，底部含两层薄层状的钙芒硝层，底部钙芒硝为 K_2g^2 与 K_2g^1 地层的分界面，芒硝矿层以上的粉砂质泥岩层，于上覆 K_2g^{2-2} 地层相比为相对高自然伽马、相对高声波时差和相对低的电阻率以及相对低的密度值。底部含钙芒硝泥岩相对 K_2g^1 地层，测井整体表现为相对低自然伽马、相对低声波时差和相对高的电阻率以及相对高的密度值。该层与上、下围岩地层相比测井曲线特征明显，分层较为可靠，利用全区追踪并建立本区域地层格架。

③ K_2g^1 地层分层结果（见图 4–2–10）

K_2g^1 地层位于为灌口组下部。该段地层在冒火山断裂以西和以东均存在，但冒火山断裂以西的地区该地层未被揭穿，而冒火山断裂以东的地区，部分钻孔只钻遇了该地层的上部，个别钻孔仅钻遇了地层的下部，因此，该段地层不利于全区对比追踪，难以建立地层结构，但利用测井曲线特征仍然能够对该层进行细分。结合 ZK12、ZK21 和 ZK30、ZK27 和 ZK19 以及 ZK28、ZK20 号钻孔，根据测井资料推测，ZK28 号钻孔向西，地层倾角变陡，与 ZK20 号钻孔难以对比。

综合测井与地震资料，将本段地层纵向上分为十二个亚段，即（K_2g^{1-11}、K_2g^{1-9}），1 层石膏（K_2g^{1-7}）三个含钙芒硝层位，即 K_2g^{1-12}、K_2g^{1-10}、K_2g^{1-8}、K_2g^{1-6}、K_2g^{1-5}、K_2g^{1-4}、K_2g^{1-3}、K_2g^{1-2}、K_2g^{1-1} 9 个粉砂质泥岩与泥质粉砂岩层。其中，K_2g^{1-12}、K_2g^{1-11}、K_2g^{1-10}、K_2g^{1-9} 在冒火山断裂以西 ZK12、ZK21 钻孔中出现，K_2g^{1-12}、K_2g^{1-11}、K_2g^{1-10}、K_2g^{1-9}、K_2g^{1-8}、K_2g^{1-7}、K_2g^{1-6}、K_2g^{1-5}、K_2g^{1-4}、K_2g^{1-3} 在冒火山断裂以东 ZK30、ZK27 和 ZK19 地层中出现，K_2g^{1-2} 只在 ZK28 中出现，K_2g^{1-1} 则只在 ZK20 号和 ZK15 号钻孔出现，并且这两个钻孔的地层无法直接对比。故，本次将 ZK20 号和 ZK15 号钻孔的灌口组地层统一用 K_2g^{1-1} 表示。

下面以 ZK27 号钻孔为例，K_2g^{1-12}、K_2g^{1-11}、K_2g^{1-10}、K_2g^{1-9}、K_2g^{1-8}、K_2g^{1-7}、K_2g^{1-6}、K_2g^{1-5}、K_2g^{1-4}、K_2g^{1-3} 地层的测井曲线特征：

K_2g^{1-12} 岩性主要为粉砂质泥岩。该段地层与上覆地层 K_2g^{2-1} 底部钙芒硝和 K_2g^{1-11} 含钙芒硝地层测井曲线差异明显，测井响应特征为相对高自然伽马、相对高声波时差和相对低的电阻率以及相对低的密度值。

K_2g^{1-11} 岩性主要为钙芒硝泥岩。该段地层测井响应特征与钙芒硝层相似，为相对高自然伽马、相对低声波时差和相对低的电阻率和相对较低的密度值。

K_2g^{1-10} 岩性主要为粉砂质泥岩。该段地层与上覆地层 K_2g^{1-11} 含钙芒硝泥岩和 K_2g^{1-9} 含钙芒硝泥岩测井曲线差异明显，相对上覆 K_2g^{1-11} 和下伏 K_2g^{1-9} 地层整体表现为相对高自然伽马、相对高声波时差和相对低的电阻率以及相对低的密度值。

K_2g^{1-9} 岩性主要为钙芒硝泥岩。该段地层测井响应特征与钙芒硝层相似，为相对高自然伽马、相对低声波时差和相对低的电阻率和相对较低的密度值。

K_2g^{1-8} 岩性主要为粉砂质泥岩。该段地层与上覆地层 K_2g^{1-9} 含钙芒硝泥岩和 K_2g^{1-7} 含钙芒硝泥岩测井曲线差异明显，相对上覆 K_2g^{1-9} 和下伏 K_2g^{1-7} 地层整体表现为相对高自然伽马、相对高声波时差和相对低的电阻率以及相对低的密度值。

K_2g^{1-7} 岩性主要为钙芒硝泥岩。该段地层测井响应特征与钙芒硝层相似，为相对高自然伽马、相对低声波时差和相对低的电阻率和相对较低的密度值。

K_2g^{1-6} 岩性主要为粉砂质泥岩。该段地层与上覆地层 K_2g^{1-7} 含钙芒硝泥岩和下伏 K_2g^{1-5} 粉砂岩测井曲线差异明显，相对上覆 K_2g^{1-7} 地层整体表现为相对高自然伽马，相对高声波时差和相对低的电阻率以及相对低的密度值，相对下伏 K_2g^{1-5} 粉砂岩则表现为相对高自然伽马和相对高电阻率。

K_2g^{1-5} 岩性主要为粉砂岩。该段地层较为破碎，整体表现为低自然伽马、低电阻率的特征，声波时差和密度值与上覆地层较为接近。

K_2g^{1-4} 岩性变化较大，工区内仅 ZK27 和 ZK19 号钻孔钻遇了该层位，ZK20 和 ZK15 号钻孔未钻遇该层位，本次将不同岩性段的地层合为一段解释。本段岩性主要为石膏与粉砂质泥岩互层，整体表现为低—中高自然伽马值，相对低声波时差和相对高的电阻率以及相对高的密度值。

因为本区域 K_2g^{1-1} 为灌口组与夹关组的底界面，而工区东部冒火山断裂上盘出露的地层未找到 K_2g^{1-4} 以下的层位与之对应，因此本次研究认为 K_2g^{1-3} 地层是冒火山断裂上盘出露的地层，岩性主要为泥岩。

K_2g^{1-1} 为 ZK15 号钻孔夹关组以上的层位，岩性主要为泥质粉砂岩与粉砂质泥岩，底部为砾岩，在 ZK15 号钻孔以西未揭露到该层位，因此将该层位定为 K_2g^{1-1}。K_2g^{1-1}

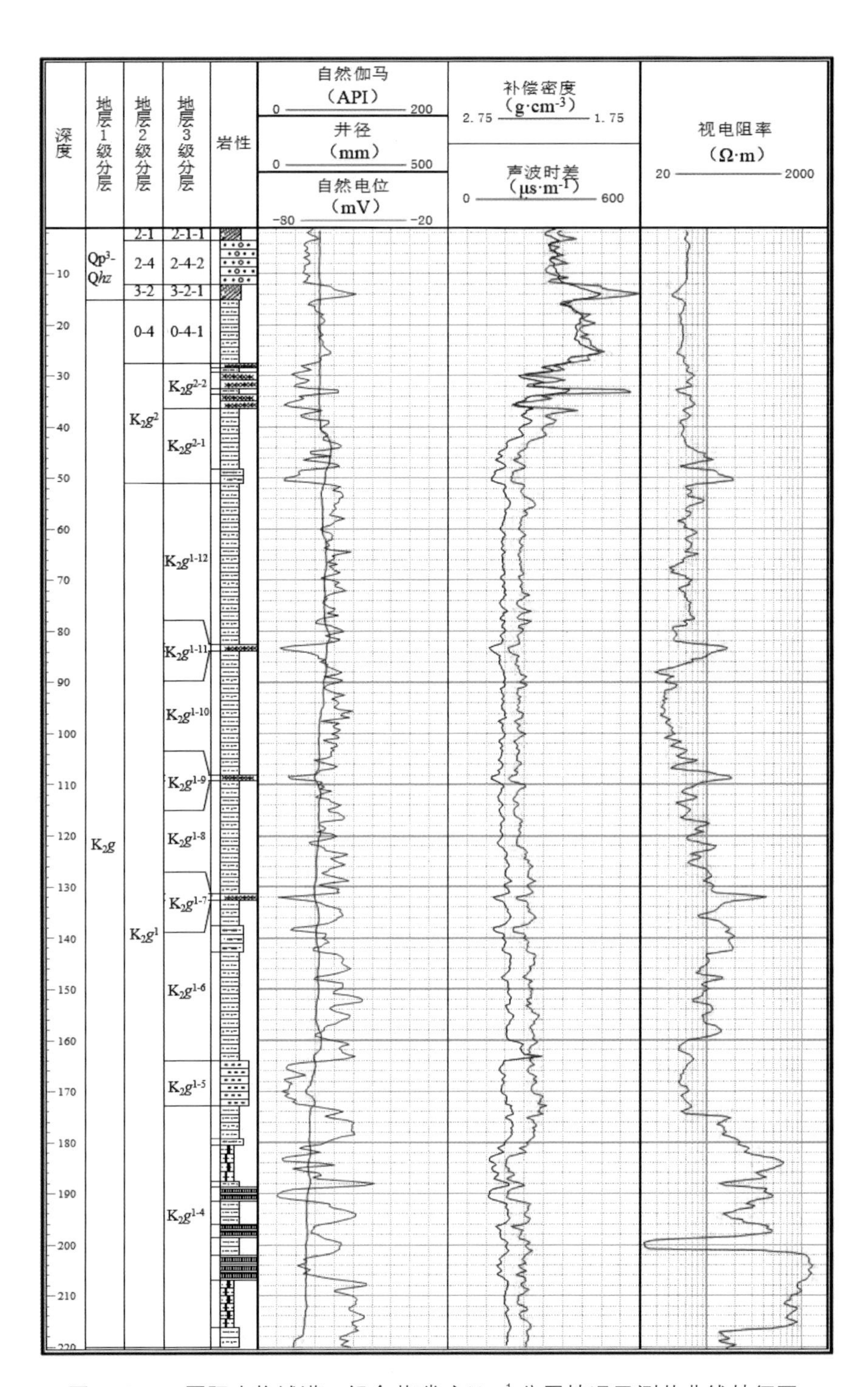

图 4-2-10 国际生物城灌口组含芒硝矿 K_2g^1 分层情况及测井曲线特征图

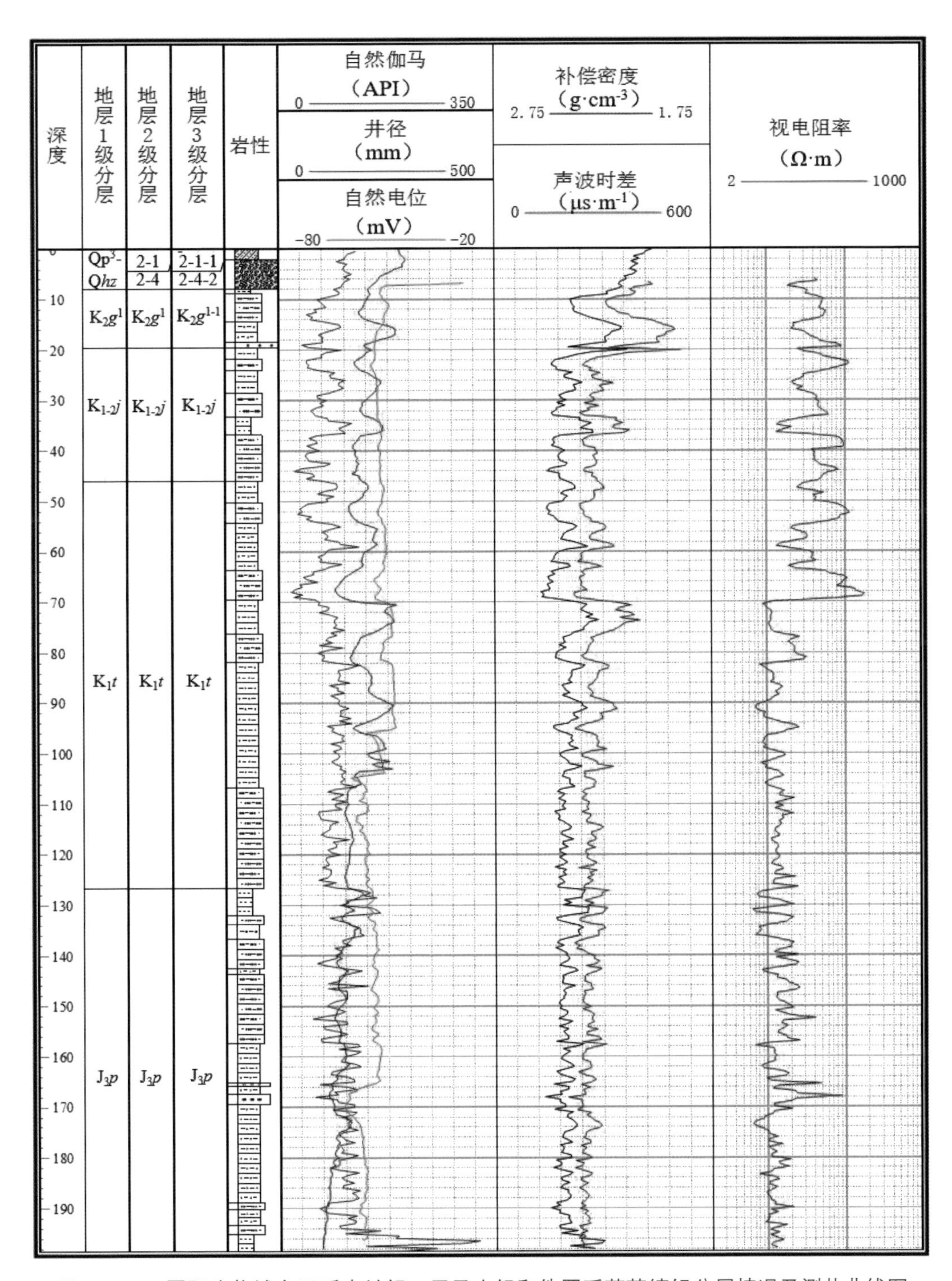

图 4-2-11 国际生物城白垩系夹关组、天马山组和侏罗系蓬莱镇组分层情况及测井曲线图

与 K_2g^{1-3} 之间的夹层为 K_2g^{1-2}，本次工区内未钻遇该层位，但可能存在于本工区内。

KZ15 号钻孔灌口组底部 K_2g^{1-1} 与灌口组下部夹关组（$K_{1-2}j$）、天马山（K_1t）、蓬莱镇组（J_3p）测井曲线特征见图 4–2–11。

（2）夹关组（$K_{1-2}j$）标准地层结构分层

由于本井只有 ZK15 号钻孔钻遇了夹关组的地层，本次不细分该组地层。ZK15 号钻孔夹关组岩性主要为泥质粉砂岩与粉砂质泥岩互层，砂质含量较高。从测井曲线特征来看，夹关组地层整体表现为低自然伽马、高电阻率的特征。

（3）天马山（K_1t）组标准地层结构分层

由于本井只有 ZK15 号钻孔钻遇了天马山组的地层，本次不细分该组地层，ZK15 号钻孔天马山组顶部（45.95~69.60 m）岩性主要为泥质粉砂岩与粉砂质泥岩石层，砂质含量较高，下部岩性（69.60~126.65 m）主要为粉砂质泥岩。从测井曲线特征来看，天马山组上部地层整体表现为低自然伽马、高电阻率的特征，下部地层表现为高自然伽马、低电阻率的特征。

（4）蓬莱镇组（J_3p）组标准地层结构分层

由于本井只有 ZK15 号钻孔钻遇了蓬莱镇组的地层，本次不细分该组地层，ZK15 号钻孔蓬莱镇组岩性主要为粉砂质泥岩夹泥质粉砂岩，泥质含量较高。从测井曲线特征来看，蓬莱镇组地层整体表现为高自然伽马、低电阻率的特征。

测井曲线特征响应明显，识别的最薄地层厚度能够达到 1m 以内。识别精度较高，有助于岩体结构分层。

4.2.2 利用地面物探方法开展基岩段结构识别与精度分析

1）多方法联合划分基岩段与精度对比

据国际生物城试验剖面 S Ⅲ邻近 ZK12 号钻孔基岩段主要为灌口组（K_2g），共分为三个亚段，分别为 K_2g^3、K_2g^2 和 K_2g^1，其中 K_2g^3 为钙芒硝上部粉砂质泥岩段（局部含石膏）、K_2g^2 为富含钙芒硝的粉砂质泥岩段、K_2g^1 为泥岩段（局部含钙芒硝）。

由于二维浅层地震的探测深度最深，且音频大地电磁法受干扰程度较大，因此选择二维浅层地震解释的结果，将钻孔基岩的层位简化，即国际生物城 S Ⅲ线 ZK12 号灌口组基岩地层共分为 6 层，其中 K_2g^3 地层共分为三段，分别为 K_2g^{3-3}、K_2g^{3-2} 和 K_2g^{3-1}，

K_2g^{3-3} 地层岩性主要为粉砂质泥岩、K_2g^{3-2} 地层岩性主要为含石膏的粉砂质泥岩、K_2g^{3-1} 地层岩性主要为粉砂质泥岩。K_2g^2 地层共分为两段，分别为 K_2g^{2-4} 和 K_2g^{2-1}，K_2g^{2-4} 地层为（K_2g^{2-8} ~ K_2g^{2-4} 四个亚段的合层），岩性主要为富含钙芒硝层与粉砂质泥岩互层，K_2g^{2-1}（K_2g^{2-3} ~ K_2g^{2-1} 三个亚段的合层）地层岩性主要为粉砂质泥岩（局部富含钙芒硝）。

2）地面物探分层与精度分析

（1）混合源面波

主动源面波探测深度较浅，一般在 40 m 以浅，该方法仅能识别强风化界面，对于更深的层位则无能为力，如表 4-2-1 所示。通过主动源面波推测的基岩段强风化泥岩的层位如下：

顶深 6~27 m，厚度该层未见底，厚度变化较大，横波速度大于 1 000 m/s，结合测井的波速测试结果，推断该层段为灌口组强风化泥岩，主动源面波在国际生物城 S Ⅲ测线上 ZK12 号钻孔附近划分的强风化底界面在 54.20 m。

被动源面波探测深度较深，一般在 40 m 以浅，该方法在国际生物城 S Ⅲ试验剖面上能够识别到 K_2g^{3-2} 和 K_2g^{3-3} 两层，通过被动源面波推测的基岩段的层位如下：

a. 底深 50~67 m，厚度 33~57 m，平均厚度约为 44 m，厚度从西向东逐渐变薄，横波速度主要集中在 500~1 200 m/s，推断该层段为白垩系灌口组强—中风化粉砂质泥岩段（K_2g^{3-3}）。

b. 该层未见底，横波速度主要集中在 400–880 m/s，推断该层段为白垩系灌口组含石膏粉砂质泥岩段（K_2g^{3-2}）。

从混合源面波法推测的结果来看，其划分的基岩段的深度在浅部与 ZK12 号钻孔的分层较为接近。通过 ZK12 号钻孔上基岩段分层结果与混合源面波法划分基岩成果的对比表中可以看出，混合源面波法划分的基岩段层位（K_2g^{3-3}）与 ZK12 号钻孔位置较为接近，等值反磁通瞬变电磁法推测的 K_2g^{3-3} 与钻孔深度误差为 –2.08 m，因此可认为等值反磁通瞬变电磁法识别基岩的效果较好，深度误差在 5% 以内。

表 4-2-1 SⅢ试验剖面混合源面波与 ZK12 号钻孔灌口组（17~110 m）分层对比表

单位：m

基岩层位	ZK12 号钻孔	混合源面波法（深度 / 误差）
K_2g^{3-3}	58.75	56.67 /–2.08
K_2g^{3-2}	103.00	\

（2）等值反磁通瞬变电磁法

等值反磁通瞬变电磁法的探测中等，一般在 120 m 以浅，通过等值反磁通瞬变电磁法推测的基岩段（图 4–1–9）层位如下：

a. 底深 59~78 m，厚度 37~52 m，厚度平均约为 43 m，自西向东厚度变薄，电阻率值一般在 570 ～ 900 Ω · m 之间，推断为白垩系灌口组（K_2g^{3-3}）粉砂质泥岩段。

b. 该层未见底，电阻率值一般在 500 ～ 1 150 Ω · m 之间，推断为白垩系灌口组（K_2g^{3-2}）含石膏的粉砂质泥岩段。

从等值反磁通瞬变电磁法推测的结果来看，其划分的基岩段的深度在浅部与 ZK12 号钻孔的分层较为接近。通过 ZK12 号钻孔上基岩段分层结果与等值反磁通瞬变电磁法划分基岩成果的对比表中可以看出，等值反磁通瞬变电磁法划分的基岩段层位与 ZK12 号钻孔位置较为接近，等值反磁通瞬变电磁法推测的 K_2g^{3-3} 与钻孔深度误差为 –4.14 m，等值反磁通瞬变电磁法推测的 K_2g^{3-3} 与钻孔的深度误差为 –0.46 m，因此可认为等值反磁通瞬变电磁法识别基岩的效果较好，深度误差在 10% 以内。

表 4-2-2 SⅢ试验剖面等值反磁通瞬变电磁法与 ZK12 号钻孔灌口组分层对比表

单位：m

基岩层位	ZK12 号钻孔	等值反磁通瞬变电磁法（深度 / 误差）
K_2g^{3-3}	58.75	62.89 /–4.14
K_2g^{3-2}	103.00	102.54 /–0.46

等值反磁通瞬变电磁法在基岩分层的基础上，还能圈定石膏的富集区，反映该方法具有较好的应用前景。

（3）高密度电法

高密度电法三种装置（温纳、斯伦贝谢尔、偶极）反演结果基本接近（表 4–2–3），由于高密度电法探测深度为 75 m 以浅，因此国际生物城 S Ⅲ号试验剖面高密度电法只能探测到 K_2g^{3-3} 的底界面。

a. 温纳装置成果推断解释

电阻率呈中低值，主要集中在 36~45 Ω·m 之间，底界深度为 50~56 m，岩性主要为粉砂质泥岩，偶见薄层状石膏。

b. 斯伦贝谢尔装置成果推断解释

电阻率呈中低值，主要集中在 34~40 Ω·m 之间，底界深度为 38~55 m，岩性主要为粉砂质泥岩，偶见薄层状石膏。

c. 偶极装置成果推断解释

电阻率呈中低值，主要集中在 14~32Ω·m 之间，底界深度为 30~52 m，岩性主要为粉砂质泥岩，偶见薄层状石膏。

从高密度电法推测的结果来看，其划分的基岩段（K_2g^{3-3}）厚度与 ZK12 号钻孔的分层差异较大。通过 ZK12 号钻孔上基岩段结果与高密度电法划分基岩段成果的对比表中可以看出，高密度电法（温纳装置）划分的 K_2g^{3-3} 层位与 ZK12 号划分的结果较差别较小，其推测的深度与钻孔深度误差为 –2.70 m；高密度电法（斯伦贝谢尔装置）在 ZK2 号钻孔附近未划分到 K_2g^{3-3} 层位的底界面；高密度电法（偶极装置）划分的 K_2g^{3-3} 层位与 ZK12 号划分的结果较差别较大，深度误差为 –10.40 m。因此，可认为高密度电法（温纳装置）在其探测深度范围内对基岩的识别效果较好，深度误差在 5% 左右。

表 4–2–3　S Ⅲ试验剖面混高密度电法与 ZK12 号钻孔基岩段分层对比表

单位：m

基岩段层位	ZK12 号钻孔	高密度电法（温纳装置 深度 / 误差）	高密度电法（斯伦贝谢尔装置 深度 / 误差）	高密度电法（偶极装置 深度 / 误差）
K_2g^{3-3}	58.75	56.05 /–2.70	\	48.35 /–10.40

3）二维浅层地震

二维浅层地震的探测深度相对其他地面物探方法较深，该方法在基岩段的分层能力受地层波阻抗的差异影响，前面已经提到，二维浅层地震在基岩段能够识别6个层位。且二维浅层地震在解释过程中参照了 ZK12 号钻孔做的合成记录，对应 ZK12 号钻孔的解释精度能够得到保证。

本研究统计了 ZK12 号钻孔与二维浅层地震各层位的解释对比表（表 4-2-4），从表 4-2-4 中可以看出，浅层地震与钻孔在基岩的深度误差保持在 20% 以内，反应二维浅层地震的解释效果一般。

表 4-2-4 S Ⅲ试验剖面二维浅层地震与 ZK12 号钻孔基岩段分层对比表

单位：m

基岩段层位	ZK12 号钻孔	二维浅层地震（深度 / 误差）
K_2g^{3-3}	58.75	55.00 /3.75
K_2g^{3-2}	103.00	94.70 /–8.3
K_2g^{3-1}	155.45	173.00 /24.75
K_2g^{2-4}	197.75	192.10 /–5.65
K_2g^{2-1}	232.60	222.60 /–1.00

综上所述，国际生物城所开展的物探方法试验中，能够识别基岩段的方法且按照探测深度由深至浅顺序为：二维浅层地震→被动源面波→等值反磁通高密度电法→高密度电法；与钻孔对比结果来看，探测精度由高到低的顺序为：高密度电法≈混合源面波＞等值反磁通瞬变电磁法＞二维浅层地震。

4）井—震联合法基岩段分层与精度分析

通过国际生物城测井—二维浅层地震联合解释法在各个钻孔基岩分层深度对比误差（表 4-2-5），可直观判断二维浅层地震资料解释的精度。从表 4-2-5 中可以看出，二维浅层地震资料在距离测线位置较远的钻孔深度误差较大，这是因为距离测线位置越远，钻孔井口高程与测线高程相差较大，对于浅部尤其是 K_2g^{3-3} 这一段基岩的误差较大。

5）国际生物城高密度电法基岩段分层与精度分析

国际生物城除 S Ⅲ测线外，在芒硝矿采空区以及浅层承压水两个研究内容方面均布置了高密度电法工作，芒硝矿采空区范围内只有 ZK09 号钻孔和 ZK21 号钻孔，高密度电阻率法的探测深度为 200 m，本研究只选择这两个钻孔开展芒硝矿采空区高密度电法的基岩段分层精度分析工作。而浅层承压水有 ZK24、ZK25、ZK26、ZK27 和 ZK28

号钻孔均有高密度电法工作，且高密度电阻率法的探测深度为 100 m。因此，本研究专门针对浅层承压水的测线段分析了高密度电法的基岩段分层精度。

（1）芒硝矿采空区高密度电阻率法分层与精度分析

芒硝矿采空区高密度电阻率法采用 10 m 点距，1.2 km 排列长度，滚动方式测量，高密度电阻率法最大探测深度为 200 m。该深度基本能够达到该芒硝矿层的底界面，即芒硝矿采空区高密度电阻率法探测的基岩段自上而下分别为 K_2g^{3-3}、K_2g^{3-2}、K_2g^{3-1}、K_2g^{2-4}、K_2g^{2-1} 共 5 个层位，其中，SG1- SG1' 测线以及 SG4- SG4' 测线分别过钻孔 ZK21 和 ZK09，通过钻孔测井分层与高密度电法解释的各层位对比表（表 4-2-6）可以看出，高密度电法 SG4- SG4' 测线过 ZK09 号钻孔各基岩段深度误差在 −7.95~−0.50 m 之间，钙芒硝矿层内（K_2g^{2-4} 和 K_2g^{2-1} 两层）的深度误差在 1% 之内，表明高密度电法对基岩段，尤其是芒硝矿层的识别具有明显的优势；高密度电法 SG1- SG1' 测线过 ZK21 号钻孔各基岩段深度误差在 −2.68~−0.13 m 之间，钙芒硝矿层内（K_2g^{2-4} 和 K_2g^{2-1} 两层）的深度误差在 1% 以内，由于 K_2g^{3-3} 和 K_2g^{3-2} 两个层位之间的电阻率差异不明显，这两层利用电阻率资料解释必定存在误差，而高密度电法在该芒硝矿层内与钻孔间的深度误差小于 1%，表明高密度电法对基岩段，尤其是芒硝矿层的识别具有明显的优势。

表 4-2-5 成都市国际生物城井－震联合法灌口组地层识别精度分析

单位：m

钻孔	灌口组地层 (K_2g)															钻孔测线距离
	K_2g^{3-3}（粉砂质泥岩）			K_2g^{3-2}（含石膏泥岩）			K_2g^{3-1}（粉砂质泥岩）			K_2g^{2-4}（富含钙芒硝泥岩）			K_2g^{2-1}（含钙芒硝泥岩）			
	底深	预测底深	误差	底深	预测底深	误差	底深	预测底深	误差	底深	预测底深	误差	底深	预测底深	误差	
ZK01	50	/	/	75.5	/	/	120.5	/	/	159.8	/	/	188.2	/	/	1 550
ZK02	26.6	29.7	+3.1	55.7	59.3	+3.6	108.6	104.6	−4	149.2	143	−6.2	180.5	183.4	+2.9	108
ZK03	64.5	/	/	104.8	/	/	155.7	/	/	197.3	/	/	/	/	/	1 025
ZK04	41.3	49.1	+7.8	66.8	60.5	−6.3	111.6	111.4	−0.1	149.9	153.5	+3.6	/	/	/	25
ZK05	72	65.1	−6.9	100.1	91.5	−8.6	151.5	160.9	+9.5	189.7	180	−9.7	/	/	/	4
ZK06	76.9	/	/	111.5	/	/	147.2	/	/	/	/	/	/	/	/	620
ZK07	38.9	/	/	86.4	/	/	136.8	/	/	178.9	/	/	199.1	/	/	880
ZK08	/	/	/	/	/	/	/	/	/	/	/	/	41.8	43.6	+1.8	128
ZK09	36.1	47.3	+11.2	63.1	52.3	−10.8	109.4	103.9	−5.4	130.8	125	−5.8	/	/	/	100
ZK10	59.9	54.2	−5.6	84.9	75.7	−9.2	137.9	141.8	+4	/	/	/	/	/	/	3
ZK11	66.8	53.7	−13.1	101	96.5	−4.5	155.5	140	−15.5	197.5	204.4	+7	/	/	/	80
ZK12	58.8	55	−3.8	103	94.7	−8.3	155.5	173	+17.6	197.8	192.1	−5.7	232.6	222.6	−10	186
ZK13	22	30.7	+8.8	64.7	56.5	−8.2	118.7	110	−8.7	161.1	160.7	−0.4	271	261	−10	91
ZK14	/	/	/	/	/	/	/	/	/	/	/	/	195.6	187	−8.6	63
ZK15	/	/	/	/	/	/	/	/	/	/	/	/	/	/	/	61
ZK16	60.2	/	/	96.8	/	/	148.6	/	/	/	/	/	/	/	/	400
ZK17	40	/	/	83.1	/	/	136.5	/	/	/	/	/	/	/	/	600
ZK18	10.5	/	/	52.3	/	/	107	/	/	149.5	/	/	184.1	/	/	1 400
ZK19	/	/	/	/	/	/	/	/	/	/	/	/	/	/	/	113
ZK20	/	/	/	/	/	/	/	/	/	/	/	/	/	/	/	890
ZK21	32.9	46.2	+13.3	57.5	70.5	+13	106.2	98.1	−8.1	146.9	141.1	−5.8	177.3	164.9	−12.4	45
ZK22	49.9	63.8	+13.9	71.5	85.4	+13.9	123.3	113.7	−9.6	149.7	164.1	+14.4	/	/	/	143
ZK23	36.8	37.4	+0.6	80.4	65.7	−14.7	133	124.4	−8.6	175.8	162.4	−13.4	198.9	206	+7.1	160
ZK24	93.2	93	−0.2	134.2	127.3	−7	149.8	132.8	−17	/	/	/	/	/	/	47
ZK25	22.2	33.2	+11	62.6	68.2	+5.6	116.6	127.9	+11.3	159.7	159.2	−0.5	194.2	179.6	−14.7	43
ZK26	21.1	34.7	+13.6	67.6	70.4	+2.8	122.1	132.5	+10.4	146.8	153.8	+7	/	/	/	100
ZK27	/	/	/	/	/	/	/	/	/	/	/	/	51	58.4	+7.4	31
ZK28	/	/	/	/	/	/	/	/	/	/	/	/	/	/	/	35
ZK29	13.8	27.3	+13.5	60.8	54.7	−6.1	115.7	108.6	−7.1	150.2	156.3	+6.1	/	/	/	460
ZK30	/	/	/	/	/	/	/	/	/	/	/	/	56.9	49.9	−7	64
平均误差统计	/	/	8.43	/	/	8.17	/	/	9.13	/	/	6.58	/	/	/	9.52

表 4-2-6 芒硝矿采空区高密度电阻率法分层与钻孔基岩分层对比表

单位：m

基岩段层位	ZK09 号钻孔	高密度电法 SG4-SG4 '（深度 / 误差）	ZK21 号钻孔	高密度电法 SG1-SG1 '（深度 / 误差）
K_2g^{3-3}	36.05	44.00 /–7.95	32.90	35.92 /–0.13
K_2g^{3-2}	63.10	57.31 /–5.79	57.45	55.03 /–2.42
K_2g^{3-1}	109.35	105.52 /–3.83	106.15	108.83 /–2.68
K_2g^{2-4}	156.30	156.80 /–0.50	146.90	147.57 /–0.67
K_2g^{2-1}	177.30	178.85 /–1.55	177.30	178.08 /0.78

（2）浅层承压水高密度电阻率法基岩段分层与精度分析

浅层承压水高密度电阻率法采用 5 m 点距，1 km 排列长度，滚动方式测量，高密度电阻率法最大探测深度为 100 m，该深度仅在 ZK26 号钻孔以东才能探测到芒硝矿层的顶界面，而位于冒火山断裂以东，浅层承压水仅能探测到 K_2g^{1-1}；冒火山以西，浅层承压水高密度电阻率法探测的基岩段自上而下分别为 K_2g^{3-3}、K_2g^{3-2} 共 2 个层位，其中，W1 测线过钻孔 ZK25、ZK26 及 ZK28，W2 测线过钻孔 ZK27，W3 测线过钻孔 ZK17。从测井曲线上来看，K_2g^{3-3} 和 K_2g^{3-2} 两个层位的整体视电阻率差异较小，难以区分开。因此，在浅层承压水探测的区域，当高密度电阻率法设计的深度在 100m 以内时，由于受承压水低阻的影响，难以划分基岩段的层位。

6）利用钻孔分层研究各方法探测基岩段的效果

通过物探方法对比试验剖面 S Ⅲ和用于结构探测的二维浅层地震工作，以及芒硝矿采空区、浅层承压水的高密度电法共 4 个研究领域共四种能够探测到基岩方法，与钻孔基岩段分层对比，本次研究得到以下几点重要结论：

（1）各方法探测深度与探测精度对比

①二维浅层地震探测深度与探测精度分析

通过各物探方法与实际地质情况以及钻孔显示的对比结果，可以知道，二维浅层地震探测深度基本能够达到 300 m，基本能够探测整个基岩段，但其仅能够实现灌口组的三级分层，且能够分辨最薄的地层为整个 K_2g^{2-8} ～ K_2g^{2-4} 四个大层的总和，厚度约为 43 m。

②高密度电阻率法探测深度与探测精度分析

以芒硝矿采空区的高密度电法为例，当测线长度为 1.5 km 时，高密度电法探测深度可达到 200 m，此时高密度电法对富含石膏和钙芒硝矿的层位识别准确度较高，但仅能划分到灌口组亚段（即分辨 K_2g^3 和 K_2g^2），分辨率较低。

以物探方法对比实验剖面 S Ⅲ为例，当测线长度为 800 m 时，高密度电法探测深度仅能达 75 m，通过与钻孔对比可以知道，该方法在测线长度为 800 m 时，能够分辨出 K_2g^{3-3} 这一层，分辨的厚度约为 48 m。

浅层承压水高密度电阻率法测线长度为 1 km，探测深度能够达到 100 m，由于受浅层富水性不均匀的影响，难以划分基岩段的层位，其分辨率较低。

通过以上分析可以知道，高密度电阻率法分辨率随探测深度增加而降低。

③等值反磁通瞬变电磁法探测深度与探测精度分析

等值反磁通瞬变电磁法在国际生物城的探测深度能够达到 120 m。该方法结合钻孔能够划分 K_2g^{3-3} 和 K_2g^{3-2} 两个层位，层位最小厚度为 41 m，但等值反磁通可利用电阻率差异识别富含石膏区域，划分的石膏层最小厚度为 12 m。

④被动源面波法探测深度与探测精度分析

国际生物城被动源面波观测时长为 20 min，探测深度为 130 m。该方法利用速度结构差异，并结合钻孔显示，仅能划分 K_2g^{3-3} 和 K_2g^{3-2} 两个层位，且层位分辨的最小厚度为 31 m。该方法与钻孔误差较小，探测精度较高。

（2）国际生物城基岩段探测精度排序

通过以上分析，国际生物城探测深度由浅及深的探测顺序为：高密度电法（测线长度 800 m）＜高密度电法（测线长度 1 km）＜等值反磁通瞬变电磁法≈微动＜高密度电法（测线长度 1.5 km）＜二维浅层地震。

各方法分辨率由低到高排序为：高密度电法（测线长度 1 km）≈高密度电法（测线长度 1.5 km）＜高密度电法（测线长度 800 m）≈二维浅层地震＜被动源面波＜等值反磁通瞬变电磁法。

各方法探测精度上由低到高排序为：二维浅层地震＜等值反磁通瞬变电磁法＜高密度电法≈混合源面波。

4.3 隐伏构造物探方法精细识别

4.3.1 利用测井连井剖面推断隐伏断裂

利用测井资料地层对比可推断隐伏断裂的位置。工区内构造走向主要为 NE-SW 走向；生物城中部及向西方向为普兴向斜构造，走向为 NE—SW 的向斜构造；工区东侧为苏码头背斜构造，东侧府河沿岸有近于 NE—SW 向的一级阶地。因此，沿着勘探线 NW—SE 方向分析测井资料，利用测井曲线相似相关性分析，引用钻孔实际高程，可推断工区内隐伏断裂。测井资料推断解释断层的依据为：

同一层位测井曲线具有一定的相似相关性，不同层位测井曲线相关性较差，在井口加上高程后，测井推测的同一层位应当与地层区域构造基本一致，当测井推测的层位消失或者重复时，可推断消失或重复的相邻井之间存在断层。

根据地层倾角推测，如果应当出现的地层在本井未出现或缺失时，相邻两井之间可能存在断层。

高程相近的两口井之间，如果地层倾角变化较小，且两口井地层差别较大时，则两口井之间可能存在断层。

钻探显示存在断层泥或破碎带等表征断层的证据时，测井曲线同时表现为破碎带的特征，则测井解释的破碎带为断层路过的层段。

地震解释了断层，且测井对比的地层存在错动，确实或厚度变化较大时，相邻井之间可能存在断层。

如图 4-3-1 所示，Ⅲ - Ⅲ′ 线位于工区北部，方向为 NW—SE，自西向东过钻孔 ZK09、ZK10、ZK11、ZK12、ZK13、ZK14 和 ZK15。从图中可以明显看出，工区Ⅲ - Ⅲ′ 测线 ZK12 号孔向西，整体为一向斜构造的西翼，而从 ZK14 号钻孔向东，地层变化较大，到 ZK15 号钻孔，出露灌口组（K_2g）下部地层（K_2g^{1-1}）：夹关组（$K_{1-2}j$）、天马山组（K_1t）和蓬莱镇组（J_3p）。ZK13 号钻孔与 ZK14 号钻孔之间地层错动较大，ZK14 缺失了整个钙芒硝层位，测井推测两井之间存在断层，查阅区域地质资料可知，该断层属帽盒山断裂。Ⅲ - Ⅲ′ 线各钻孔响应地层分层结果见表 4-3-1，结合图 4-3-1 和表 4-3-1 可以看出，普兴向斜核部在 ZK12 号孔附近。

表 4-3-1 Ⅲ－Ⅲ′线上各钻孔测井分层数据表（高程为层底高程）

层位	孔号						
	ZK09	ZK10	ZK11	ZK12	ZK13	ZK14	ZK15
	高程 /m						
Qp^3-Qhz	\	\	\	\	\	\	449.262
$Qp^{1-2}m$	\	\	503.018	492.430	487.866	472.967	\
Qp^1mp	549.473	535.06	\	\	\	\	\
K_2g^{3-3}	517.923	480.21	451.818	444.830	478.216	\	\
K_2g^{3-2}	490.873	455.26	417.668	400.580	435.466	\	\
K_2g^{3-1}	444.623	402.26	363.118	348.130	381.466	\	\
K_2g^{2-8}	439.673	397.66	357.918	342.680	376.766	\	\
K_2g^{2-7}	\	\	351.418	335.630	368.666	\	\
K_2g^{2-6}	426.173	\	344.218	328.980	362.016	\	\
K_2g^{2-5}	424.473	\	342.568	327.130	360.016	\	\
K_2g^{2-4}	423.223	\	321.168	305.830	339.116	\	\
K_2g^{2-3}	\	\	\	293.680	326.616	\	\
K_2g^{2-2}	\	\	\	286.330	319.566	\	\
K_2g^{2-1}	\	\	\	270.980	304.566	\	\
K_2g^{1-12}	\	\	\	239.180	\	444.567	\
K_2g^{1-11}	\	\	\	236.680	\	442.567	\
K_2g^{1-10}	\	\	\	212.330	\	414.967	\
K_2g^{1-9}	\	\	\	209.530	\	411.167	\
K_2g^{1-8}	\	\	\	\	\	\	\
K_2g^{1-7}	\	\	\	\	\	\	\
K_2g^{1-6}	\	\	\	\	\	\	\
K_2g^{1-5}	\	\	\	\	\	\	\
K_2g^{1-4}	\	\	\	\	\	\	\
K_2g^{1-3}	\	\	\	\	\	\	\
K_2g^{1-2}	\	\	\	\	\	\	\
K_2g^{1-1}	\	\	\	\	\	\	437.562
$K_{1-2}j$	\	\	\	\	\	\	411.212
K_1t	\	\	\	\	\	\	330.562
J_3p	\	\	\	\	\	\	\

测井推断隐伏断裂（F1 断裂）落差

以 K_2g^{2-1} 为例，ZK12 号钻孔与 ZK13 号钻孔的地层似倾角 α' 可通过以下公式求得：

$$\tan\alpha' = \frac{h}{l} \quad (4\text{–}3\text{–}1)$$

式中，h——为同一层位的垂直落差，m；

l——为两个钻孔的平面距离，m。

ZK12 号钻孔与 ZK13 号钻孔的平面距离为 2 091.53 m。从表 4–3–1 中可以看出，K_2g^{2-1} 在 ZK12 号钻孔与 ZK13 号钻孔之间高差下降了 33.586 m，通过式（4–3–1）求得 K_2g^{2-1} 地层似倾角 α ' 为 0.92°，则它下伏地层 K_2g^{1-12} 地层似倾角也可采用这一数值；利用式（4–3–1），ZK14 号钻孔与 ZK13 号钻孔之间的平面距离为 2 334.70 m，可推测 ZK14 号钻孔与 ZK13 号钻孔 K_2g^{1-12} 地层的高程差为 2 334.70 × tan0.92° =37.49 m，而 ZK13 号钻孔 K_2g^{1-12} 地层的高程为 304.566 m–33.586 m=270.98 m。如果 F1 断层不存在，则 ZK14 号钻孔 K_2g^{1-12} 地层高程应为 270.98 m+37.49 m=308.47 m，而 ZK14 号钻孔 K_2g^{1-12} 地层的实际高程为 444.567 m，则可推断帽盒山 F1 断裂的垂直落差为 444.567 m –308.47 m=136.097m。

由于工区内 ZK14 号钻孔和 ZK15 号钻孔之间无法找到同一套层位，难以从测井资料中推断 F2 断裂的落差。

4.3.2 井—震联合法推断隐伏断裂

1）井—震联合法隐伏断裂识别与精度分析

在利用测井密度和速度资料形成的合成记录标定地震资料的基础上，参照测井连井对比剖面显示结果，对国际生物城所有二维浅层地震的剖面进行了层位追踪和解释，基本确定了帽盒山断裂的位置和空间展布特征。由于 G–G ' 测线上帽盒山断裂的埋深较浅，故浅层地震剖面上未能探测到断裂，因此在国际生物城过帽盒山断裂的Ⅲ – Ⅲ' 测线，Ⅳ – Ⅳ' 测线上定位了该隐伏断裂。

二维浅层地震解释隐伏断层的依据为反射波 (波组) 同相轴的错断、分叉合并、扭曲及同相轴产状突变等。

（1）反射波同相轴中断。这一般是大、中型断点在时间剖面上的基本表现形式，具体表现为某一标准反射波的错断或一组反射波组的错断，而且断点两侧波组关系稳定。

（2）同相轴形状突变、反射零乱或出现空白带。通常是大型断点在时间剖面上的主要表现形式，这是由于断层的出现引起断层两侧地层产状受力的作用产状突变，同时由于大断层一般伴随着较宽的断层破碎带以致造成地层反射波能量的减弱甚至出现空白带；另一方面，由于断层面地层结构的变化所产生的能量屏蔽和射线畸变作用，从而出现反射的零乱现象。

（3）反射波同相轴强相位转换。这一般是中、小断层的反映。它表现为全区稳定的一组强相位在追踪过程中突然消失，随后是相位的上窜或下移，并且保持稳定。

（4）反射波同相轴发生扭曲、分叉或合并等现象。这是小断层的典型表现特征，由于小断层断距小，错断特征不明显，导致反射波同相轴发生扭曲、分叉或合并等现象。

将断点组合为一条断层的依据为以下几个方面：

①相邻剖面上的断点显示特征和性质一致。

②相邻断点落差接近或有规律变化。

③闭合的断层走向符合区域地质构造规律。

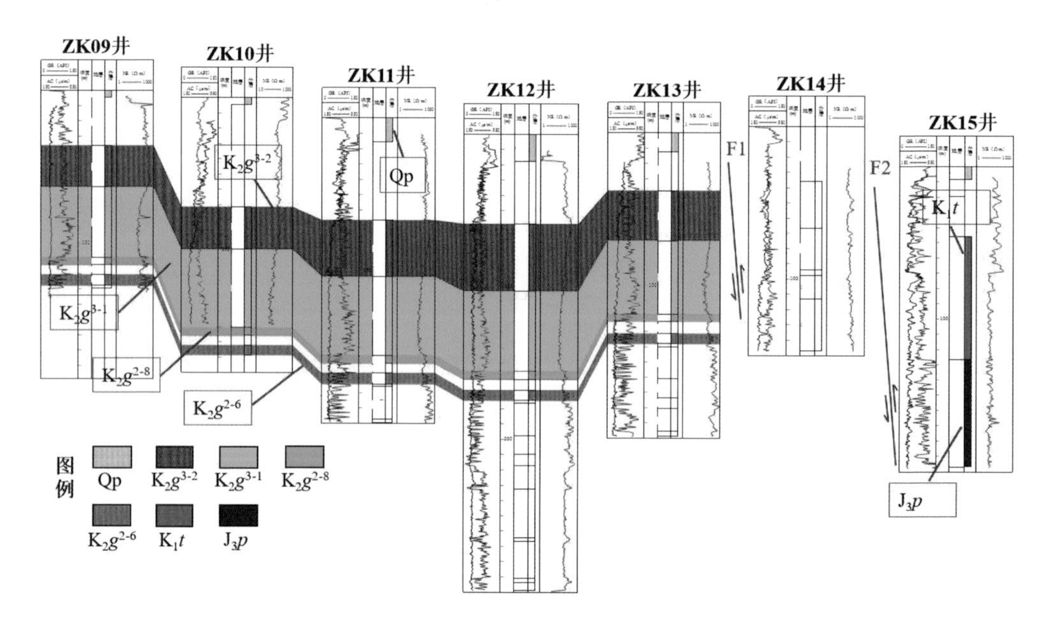

图 4-3-1 国际生物城Ⅲ－Ⅲ′ 测线测井地层对比图

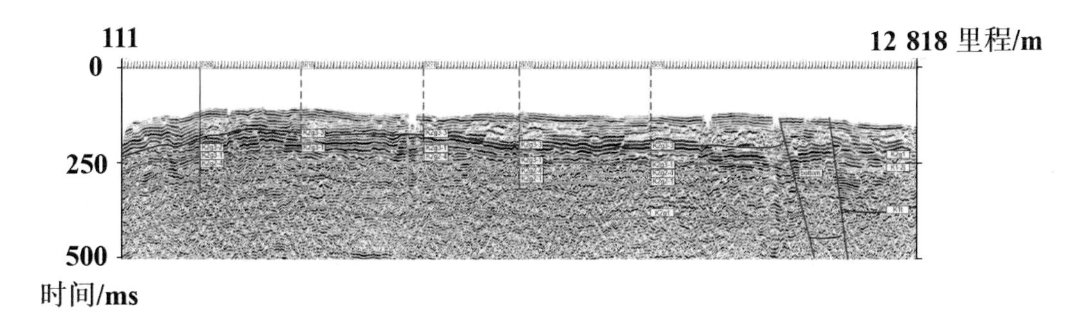

图 4-3-2 国际生物城Ⅲ – Ⅲ' 测线地震剖面断层推断图

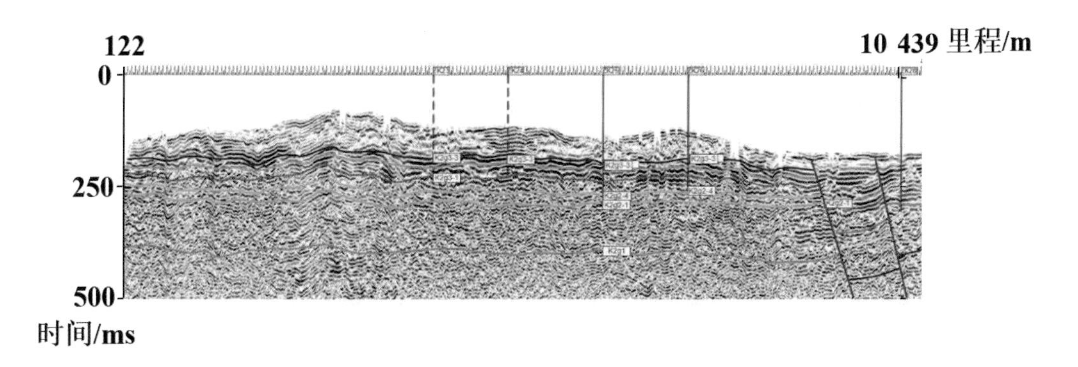

图 4-3-3 国际生物城Ⅳ – Ⅳ' 测线地震剖面断层推断图

从图 4-3-2 和图 4-3-3 中可以看出，二维浅层地震的断层解释与连井剖面基本一致，但二维浅层地震推测的断层位置更为准确，反映本次二维地震的断层解释是合理的。

2）多方法联合识别（井—震—电法）隐伏断裂与精度分析

为了确定万顺农庄附近浅层承压水份分布以及研究冒火山断裂是否为阻水构造，本次布置了近垂直于冒火山断裂走向的 W3 测线（图 4-3-4）；在测井—地震解释的基础上，利用电性特征差异基本确定了断层位置，同时在与 G-G' 地震测线一致但测线长度较短的高密度电法剖面（W2 测线，图 4-3-5）上，证实了冒火山断裂的埋深较浅的特征。

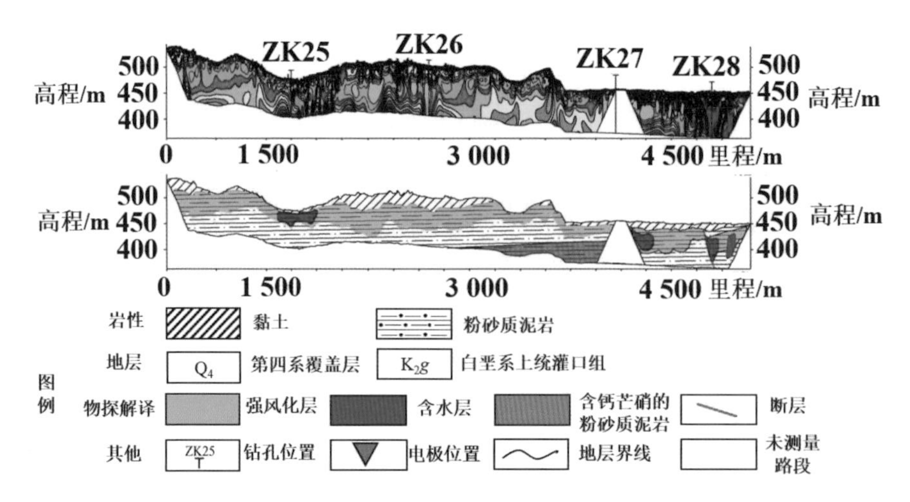

图 4-3-4 国际生物城浅层承压水高密度电法反演及地质推断成果图（W3 测线）

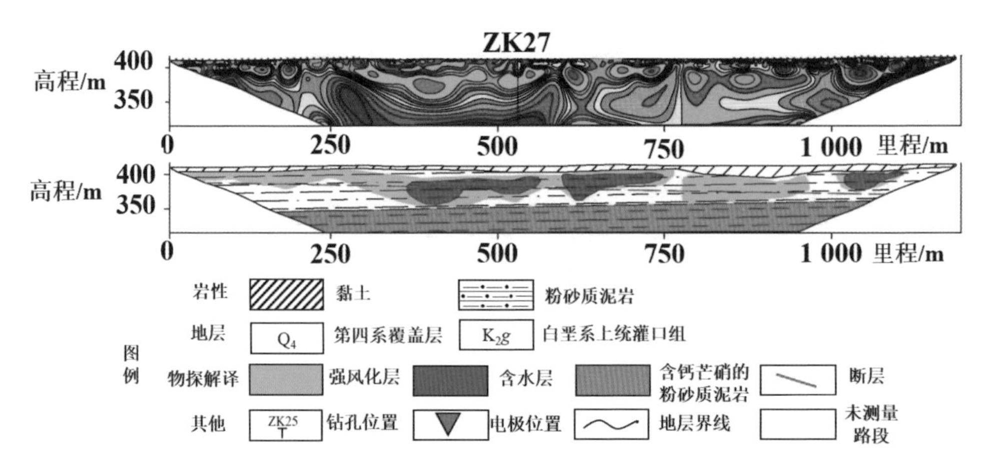

图 4-3-5 国际生物城浅层承压水高密度电法反演及地质推断成果图（W2 线）

高密度电法剖面与浅层地震剖面推测的断层基本一致，因此利用高密度电法可以推测隐伏断裂位置。由于高密度电阻率法剖面成层性较差，多解性较强，其识别断层的可靠性和准确性远远不及浅层地震，该方法只能作为辅助验证方法手段，或在已知断层的情况下，用于验证断层的存在。

4.4 钙芒硝物探方法精细识别

4.4.1 测井

1）钙芒硝层测井识别

含钙芒硝岩层在测井曲线上表现为“两低、两高”的特征，即低自然伽马、低声波时差，高电阻率、相对高密度，如图 4–4–1 所示。

由于工区内钙芒硝厚度较薄，且与粉砂质泥岩、泥质粉砂岩伴生，在自然伽马和视电阻率测井曲线上，表现为明显的高低起伏和抖动现象。从现有钻孔统计的成果来看，工区内含钙芒硝岩层的自然伽马值主要集中在 29~36API 之间，声波时差值在 219~220 μs/m 之间；纵波速度主要集中在 4.55~4.57 km/s 之间，密度值主要集中在 2.46~2.51 g/cm^3，视电阻率主要集中在 296 ~ 300 Ω· m 之间。

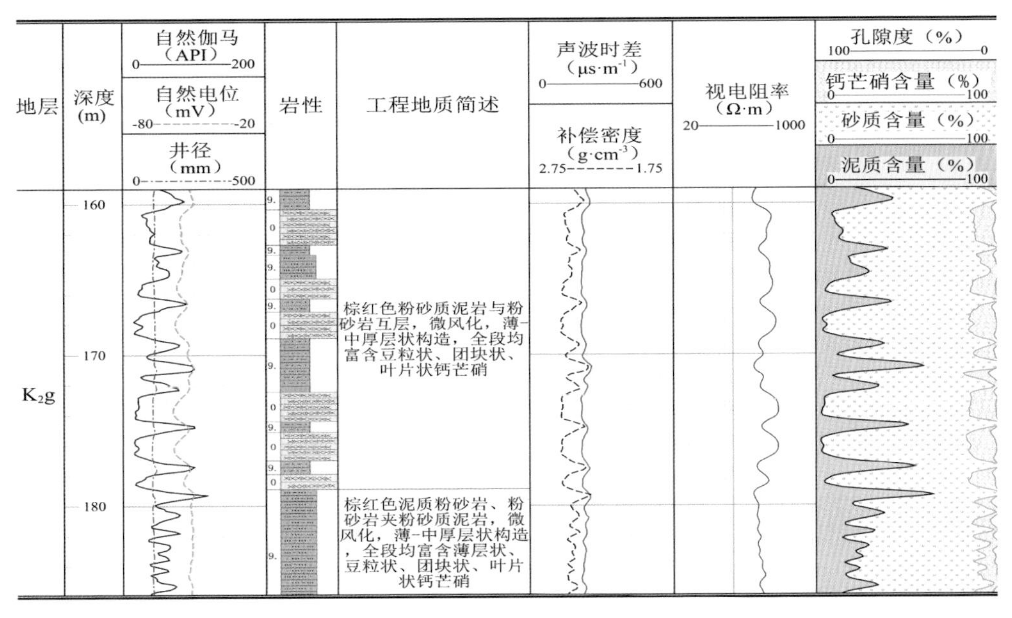

图 4–4–1 含钙芒硝岩层测井响应特征图

通过收集国际生物城 30 个钻孔的测井资料，统计了含钙芒硝层位与其他主要岩性地层的测井响应特征值，作出工区内识别钙芒硝的测井岩性识别图版。从自然伽马—视电阻率交会图（图 4–4–2）中可以看出，工区内基岩段主要岩性有所变化，测井曲线能够区分钙芒硝、粉砂质泥岩（或泥质粉砂岩）与含石膏质粉砂质泥岩三种主要岩性。

其中，灌口组的钙芒硝自然伽马基本低于 70API，电阻率高于 46 Ω·m；含石膏粉砂质泥岩（或泥质粉砂岩）的自然伽马值在 65~81API 之间，电阻率 33~88 Ω·m 之间；粉砂质泥岩（或泥质粉砂岩）的自然伽马值大于 80API，电阻率在 28~104 Ω·m 之间。

从工区内密度—声波时差交会图（图 4-4-3）中可以看出，基岩段钙芒硝、粉砂质泥岩（或泥质粉砂岩）与含石膏质粉砂质泥岩在自然伽马和密度交会图上差异较明显。其中，钙芒硝密度值较大，基本大于 2.41 g/cm^3，含石膏粉砂质泥岩（或泥质粉砂岩），密度主要集中在 2.31~2.41 g/cm^3 之间；粉砂质泥岩（或泥质粉砂岩）密度值较低，主要小于 2.31 g/cm^3。灌口组的钙芒硝声波时差值较小（纵波速度值较大），平均小于 249 μs/m，粉砂质泥岩（或泥质粉砂岩）声波时差值较大，主要大于 309 μs/m；含石膏粉砂质泥岩（或泥质粉砂岩）声波时差值为中高值，主要集中在 249~309 μs/m 之间。

通过不同岩性的测井曲线交会图分析，可以得到各岩性的测井曲线界限值，从而借助判断岩性和识别钙芒硝层位，国际生物城基岩段主要岩性测井差异统计表见表 4-4-1

表 4-4-1 国际生物城基岩段主要岩性重要测井参数平均值统计表

岩性	测井参数			
	自然伽马 /API	声波时差 / $\mu s \cdot m^{-1}$	密度 /（ $g \cdot cm^{-3}$ ）	视电阻率 /（Ω·m）
钙芒硝	<71	<249	>2.41	>46
含石膏粉砂质泥岩（或泥质粉砂岩）	<82	<309	>2.31	33 ~ 88
粉砂质泥岩（或泥质粉砂岩）	>82	>309	<2.31	28 ~ 104

2）钙芒硝层划分精度分析

（1）识别准确率分析

本次测井资料解释是在地质编录的基础上，依据测井曲线的低自然伽马、高电阻率、低声波时差，以及高密度值的特征对工区钙芒硝层进行了划分。

（2）识别厚度分析

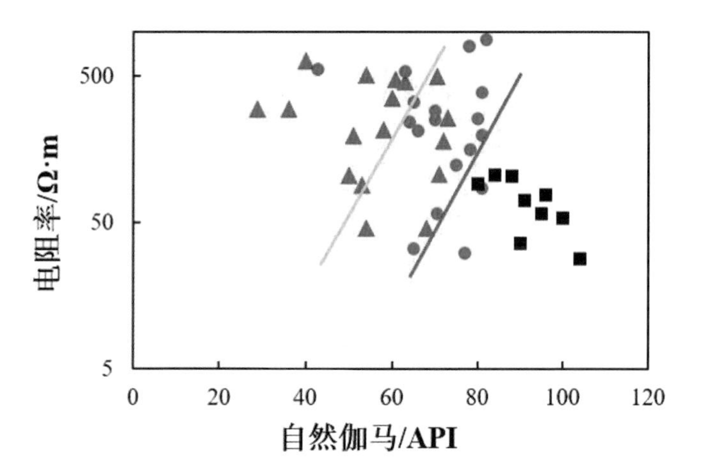

图 4-4-2 国际生物城基岩段主要岩性自然伽马—视电阻率交会图（N=50）

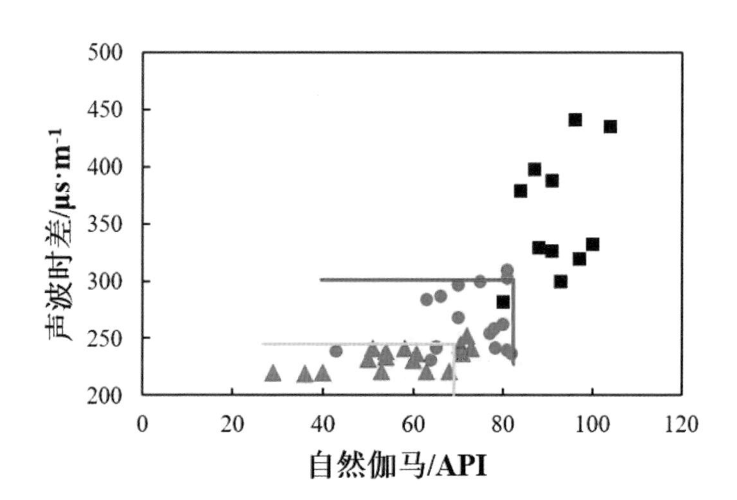

图 4-4-3 国际生物城基岩段主要岩性自然伽马 – 视电阻率交会图（N=50）

对工区内钙芒硝层的厚度进行了统计（图 4–4–4），工区内钙芒硝层的厚度在 0.4~8.55 m 之间，平均为 1.67 m。从图 4–4–4 中可以看出，工区内钙芒硝层厚度主要分布在 3 m 以内。其中，0~1 m 厚度的钙芒硝占工区钙芒硝的 28.24%，0~2 m 厚度的钙芒硝占工区钙芒硝的 46.30%；2~3 m 厚度的钙芒硝占工区钙芒硝的 20.37%。由于划分的钙芒硝最小厚度为 0.4 m，因此研究认为本次测井识别的厚度精度为 0.4 m。

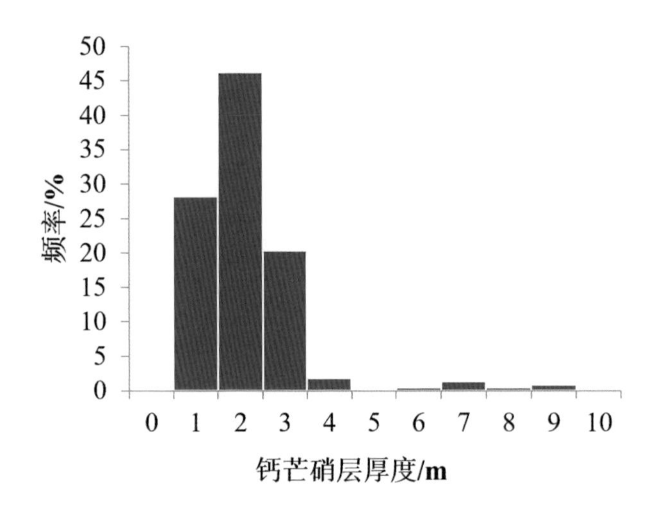

图 4–4–4 国际生物城测井划分钙芒硝层厚度统计图

4.4.2 高密度电法

在生物城开展的芒硝矿采空区高密度电法排列长度选择 1.5 km，探测深度基本能够达到 200 m，可探测到钙芒硝矿层。

从高密度电法判识的钙芒硝矿层结果来看，钙芒硝矿层与石膏层的物性差异接近，难以准确区分，该方法仅能通过钻孔资料标定，划分出 K_2g^{2-4} 和 K_2g^{2-1} 两套地层，因此高密度电法对芒硝矿层的探测能力和精度有限（见图 4–4–5）。

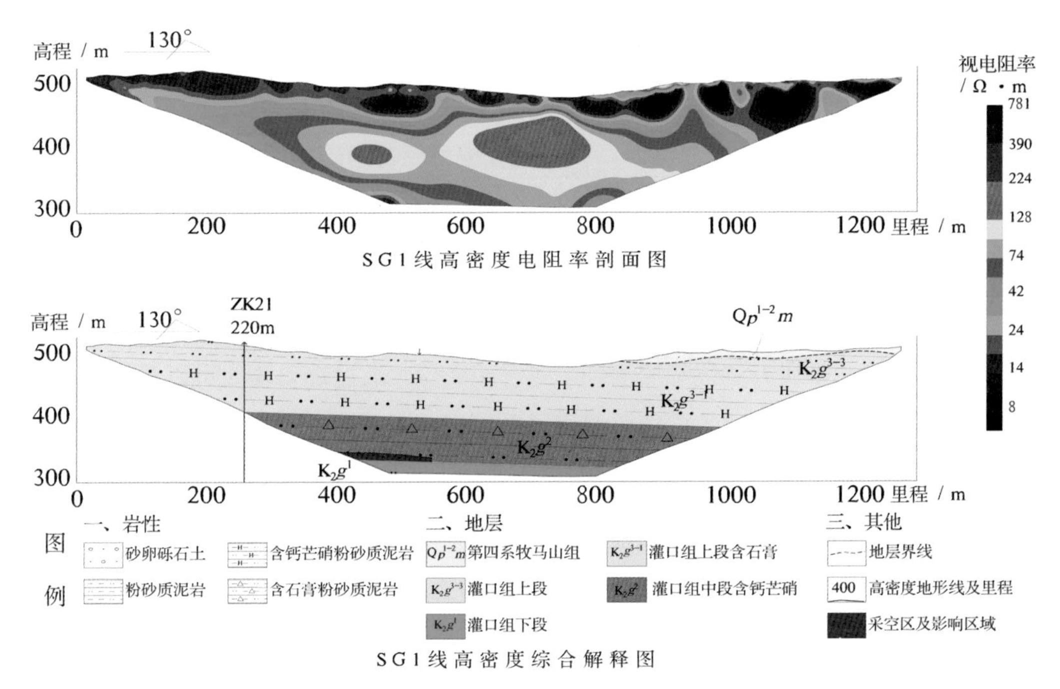

图 4-4-5 芒硝矿采空区高密度电法芒硝矿层综合推断解释图

4.4.3 井—震联合法

通过钻孔揭露的钙芒硝分布特征

以国际生物城Ⅳ号剖面为例，据国际生物城Ⅳ号剖面各钻孔连井对比图（图 4-4-6）可以看出，国际生物城自西向东至剑南大道附近，富钙芒硝层（K_2g^{2-4} 和 K_2g^{2-2}）顶底界面表现为向斜构造，富钙芒硝层位深度整体表现为东西浅，中间深的特征。通过对Ⅳ号剖面冒火山断裂以西各钻孔钙芒硝层的埋深统计（表 4-4-2），可以看出，钙芒硝层的埋深均在 120 m 以下，且富含钙芒硝的地层底界深度接近 200 m，因此要完全探测钙芒硝层位，地球物理探测深度至少保证在 150~200 m 之间，而通过前期研究成果可知，国际生物城探测深度能够满足要求的物探方法主要有二维浅层地震和排列长度为 1.5 km 的高密度电阻率法。

由于二维浅层地震的探测深度最深，且分辨率较低，仅能识别 K_2g^{2-4}、K_2g^{2-1} 两套地层，从钻孔揭露的情况来看，K_2g^{2-4} 钙芒硝层层数较多，厚度较厚，因此可将 K_2g^{2-4} 钙芒硝层定义为芒硝矿富集层；K_2g^{2-1}（K_2g^{2-3} ~ K_2g^{2-1}）钙芒硝层层数较少，厚度较厚，因此，可将 K_2g^{2-4} 钙芒硝层定义为含钙芒硝矿层。

表 4-4-2 国际生物城Ⅳ号剖面冒火山断裂以西各钻孔钙芒硝层的埋深统计表（顶深）

层位 / m	钻孔编号钙芒硝矿					
	ZK21	ZK22	ZK23	ZK24	ZK25	ZK26
K_2g^{2-4}	126.35	144.25	154.15	\	138.15	143.85
K_2g^{2-2}	157.40	\	187.40	\	170.95	\

国际生物城几乎所有测线都探测到了钙芒硝矿层，通过表 4-4-3 可以看出，井—震联合法划分的富含钙芒硝的粉砂质泥岩层平均深度误差为 6.57 m，井—震联合法划分的含钙芒硝的粉砂质泥岩层平均深度误差为 8.19 m，由于钙芒硝矿层的埋深在 160 m 左右，可认为井—震联合法划分的富含钙芒硝的粉砂质泥岩层深度误差在 5% 左右。

表 4-4-3 成都市国际生物城井—震联合法灌口组富含钙芒硝粉砂质泥岩误差统计表

钻孔 地层	灌口组含钙芒硝粉砂质泥岩（K_2g^2）						钻孔与测线距离 / m
	富含钙芒硝粉砂质泥岩（K_2g^{2-4}）			含钙芒硝粉砂质泥岩（K_2g^{2-1}）			
	顶深 / m	预测顶深 / m	误差 / m	底深 / m	预测底深 / m	误差 / m	
ZK01	159.8	/	/	188.2	/	/	1 550
ZK02	149.2	143	−6.2	180.5	183.4	+2.9	108
ZK03	197.3	/	/	/	/	/	1 025
ZK04	149.9	153.5	+3.6	/	/	/	25
ZK05	189.7	180	−9.7	/	/	/	4
ZK06	/	/	/	/	/	/	620
ZK07	178.9	/	/	199.1	/	/	880
ZK08	/	/	/	41.8	43.6	+1.8	128
ZK09	130.8	125	−5.8	/	/	/	100
ZK10	/	/	/	/	/	/	3
ZK11	197.5	204.4	+7	/	/	/	80
ZK12	197.8	192.1	−5.7	232.6	222.6	−10	186
ZK13	161.1	160.7	−0.4	271	261	−10	91
ZK14	/	/	/	195.6	187	−8.6	63
ZK15	/	/	/	/	/	/	61
ZK16	/	/	/	/	/	/	400
ZK17	/	/	/	/	/	/	600
ZK18	149.5	/	/	184.1	/	/	1 400
ZK19	/	/	/	/	/	/	113
ZK20	/	/	/	/	/	/	890
ZK21	146.9	141.1	−5.8	177.3	164.9	−12.4	45
ZK22	149.7	164.1	+14.4	/	/	/	143
ZK23	175.8	162.4	−13.4	198.9	206	+7.1	160
ZK24	/	/	/	/	/	/	47
ZK25	159.7	159.2	−0.5	194.2	179.6	−14.7	43
ZK26	146.8	153.8	+7	/	/	/	100
ZK27	/	/	/	51	58.4	+7.4	31
ZK28	/	/	/	/	/	/	35
ZK29	150.2	156.3	+6.1	/	/	/	460
ZK30	/	/	/	56.9	49.9	−7	64
平均误差	/	/	6.57	/	/	8.19	/

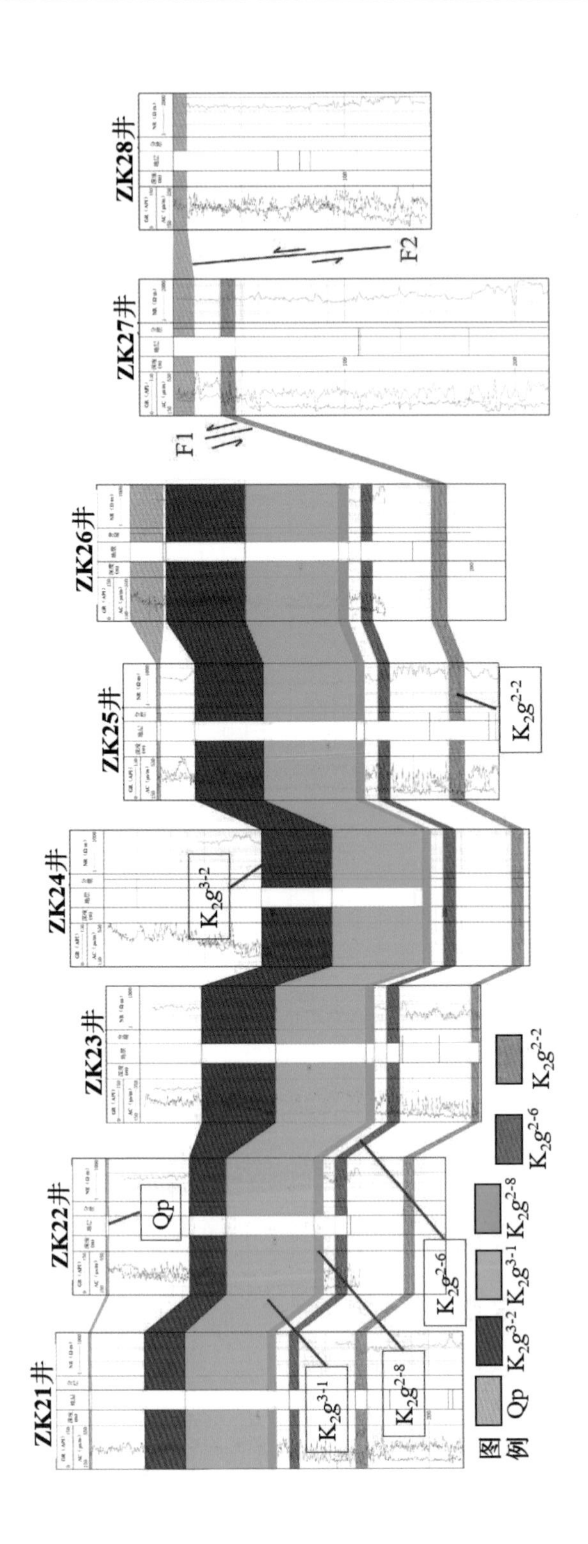

图 4-4-6 国际生物城IV－IV′号剖面测井地层对比图

4.5 承压水

国际生物城 ZK25 号钻孔和剑南大道万顺农庄民井内均存在承压水现象，本次研究针对性布置了 3 条高密度电法剖面，分别为 W1、W2 和 W3 剖面（见图 4-5-1），以 W2 号剖面反演的结果为例，利用高密度电法推断地层结构和浅层承压水分析如下：

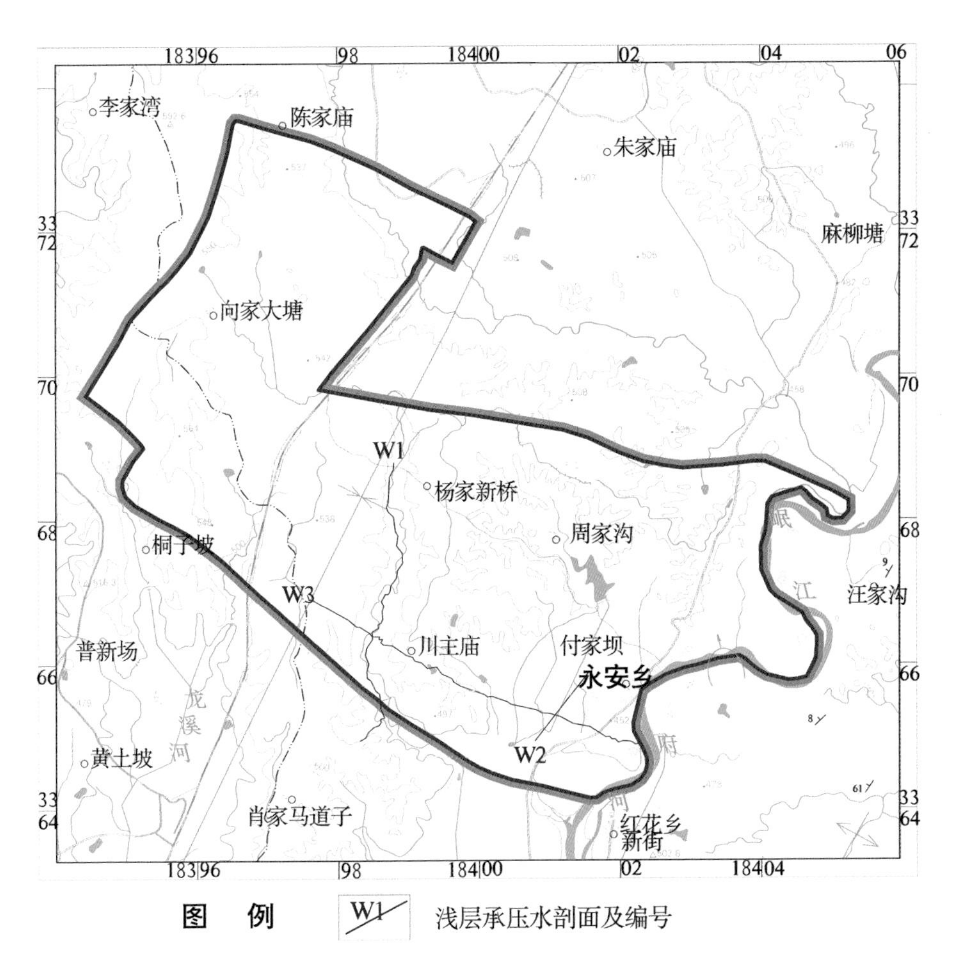

图 4-5-1 国际生物城浅层承压水高密度电法工作布置图

（1）在视电阻率剖面中，整条剖面线可大致分为深部和浅部两层，其浅部视电阻率值相对大，平均为 100 Ω·m，结合现场情况，推测为黏土，为本条测线范围内的覆盖层，其底板埋深为 2~8 m，平均厚度约为 5 m。

（2）从视电阻率剖面图中可以看出，其深部存在一层相对低阻区，成层性较好，位于黏土的下部，其视电阻率值平均 20 Ω·m，推测为强风化基岩段。该段部下部电阻率平均为 100 Ω·m，未见其顶板，推测该层岩性粉砂质泥岩位置为主，部分位置含有少量石膏。

（3）综合推测在本条测线内，覆盖层以黏土为主，存在全线范围内，其中覆盖层厚度较为平均，底板埋深在 3~8 m；本条测线内岩性以粉砂质泥岩为主，下部含少量石膏，并且随着测线方向，其石膏的埋深开始变浅。

（4）以 ZK25 号钻孔发现的承压水含水层为基准，通过钻孔约束高密度电法剖面，在桩号 750~2135 的位置处相对中低阻地层为承压水含水层，结合钻井资料，推测其溶蚀孔隙较为发育，其空间展布特征见图 4-5-2。

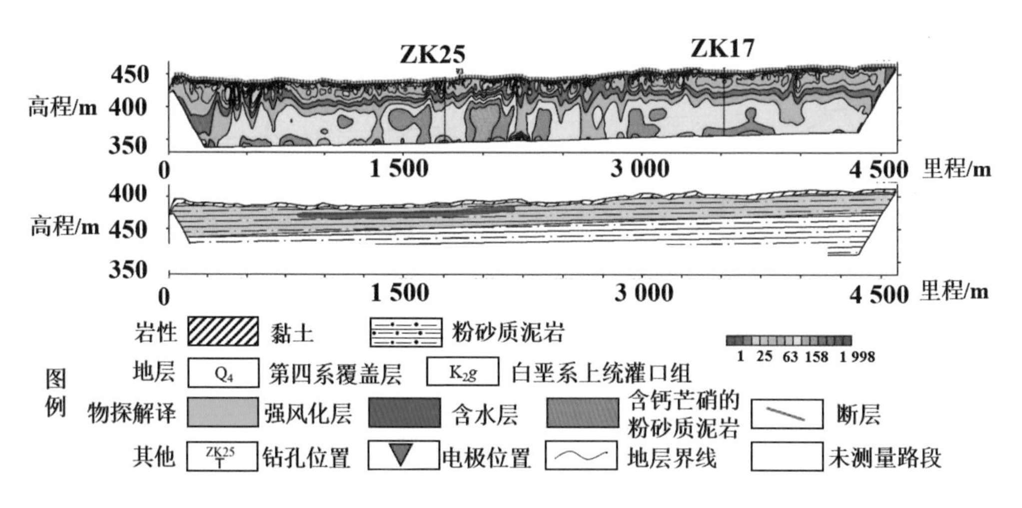

图 4-5-2 国际生物城浅层承压水高密度电法反演及地质推断成果图（W1 线）

4.6 采空区

4.6.1 钙芒硝采空区测井识别与精度分析

1）芒硝矿采空区影响带测井识别

工区内只有ZK21号孔和ZK09号孔钻遇了芒硝矿采空区，由于ZK09号钻孔井壁垮塌严重，有钻具掉落采空区以下井段中。该井未采集到采空区层段的测井数据，本次研究选择ZK21号钻孔开展了采空区测井响应特征分析（图4–6–1）。

ZK21号钻孔位于黄泥渡芒硝矿采空区。从岩芯描述来看，本井钙芒硝采空区主要位于芒硝矿层底部，受芒硝矿采空层的影响，测井水位较深，位于144.1 m处。从测井资料来看，芒硝矿采空区的测井响应特征较为明显，自然伽马表现为芒硝矿层的特点，即低自然伽马值。该井原始芒硝矿层可利用自然伽马曲线与邻井对比，同时受采空后岩芯破碎和充水的影响。本井芒硝矿采空层具有高声波时差、低电阻率的特征，利用这一特征现象，划分了本井芒硝矿采空层，如图4–6–2中ZK21号钻孔所示。本井芒硝矿采空区影响带位于深度156.90~167.16 m，这与钻探发现的采空层（图4–6–2）一致。

2）芒硝矿采空区影响带测井识别精度分析

ZK21号钻孔芒硝采空区影响带地质分析层位位于155~167 m，而测井响应特征明显（图4–6–1），对本井芒硝矿采空区影响较小的层位（146.00~146.90 m、153.50~154.52 m），测井表现为低自然伽马值，平均为3API；声波时差值相对围岩略高，平均为235 μs/m；密度值相对围岩略高，平均为2.51 g/cm^3；视电阻率相对围岩较高，平均为197 Ω·m。芒硝矿采空区影响带（155.52~167.16 m）测井表现为低自然伽马值，一般在6~25API之间；声波时差值相对围岩较高，一般在257~620 μs/m之间，平均为415 μs/m；密度值相对围岩较低，一般在2.16~2.49 g/cm^{3}之间，平均为2.32 g/cm^3；视电阻率相对围岩较低，一般在29~158 Ω·m之间，平均为71 Ω·m。

芒硝矿采空区影响带与非采空区芒硝层测井差异明显，易于识别，与钻探资料吻合度较好，识别精度较高。

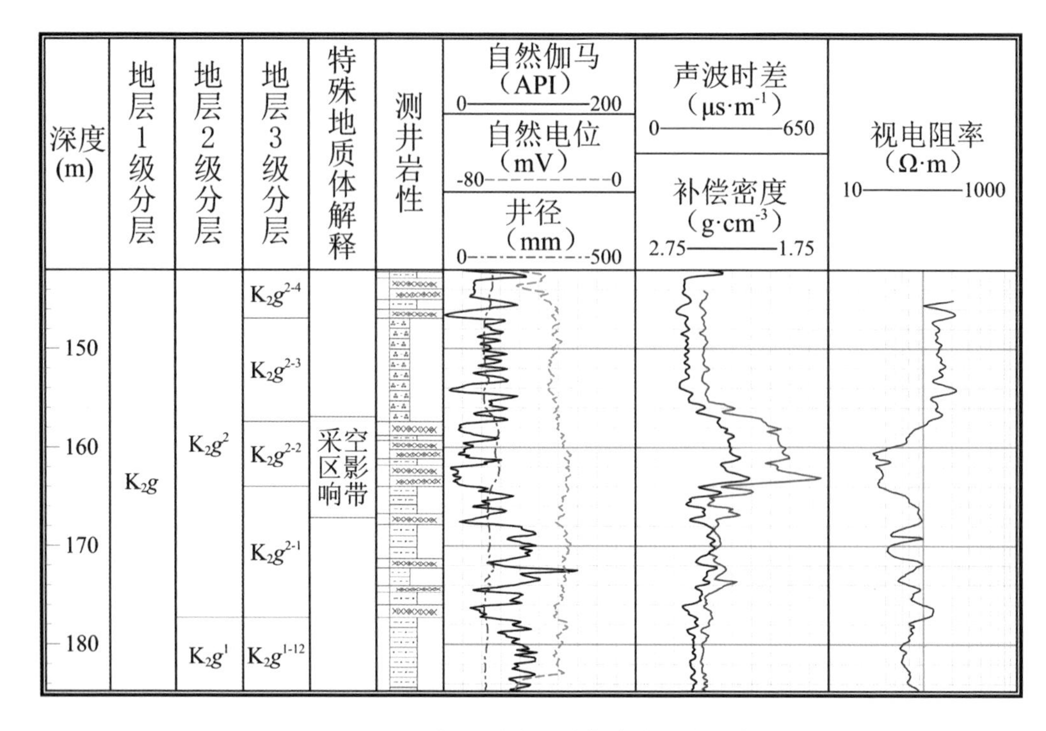

图 4-6-1 国际生物城测井识别芒硝矿采空区成果图

图 4-6-2 ZK21 号孔采空区范围

4.6.2 钙芒硝采空区地面物探方法识别与精度分析

1）井—震联合法识别芒硝矿采空区与精度分析

国际生物城几乎所有二维浅层地震测线都探测到了钙芒硝矿采空层（K_2g^{2-4} 和 K_2g^{2-1}）。从钻孔揭露的钙芒硝层位来看，ZK09 号钻孔采空层范围为 131.7~139.5 m，ZK21 号钻孔的采空层范围为 158.4~163.00 m，ZK09 号钻孔采空层位于含钙芒硝 K_2g^{2-4} 层内，ZK21 号钻孔采空层位于含钙芒硝 K_2g^{2-2} 层，反映钙芒硝矿采空层不在同一层内，通过钻孔钙芒硝矿采空层与井—震联合法解释的采空层分层对比结果可以看出（表 4-6-1，图 4-6-3），地震预测的采空层误差在 5 m 以内，相对误差最大为 3.57%，反映二维浅层地震在采空层识别方面具有较高的精度。

表 4-6-1 国际生物城钙芒硝采空区与二维地震预测采空区分层对比表

单位：m

钻孔采空区	钙芒硝矿采空区						钻孔与测线距离
	顶深	预测顶深	误差	底深	预测底深	误差	
ZK09	131.7	136.4	+4.7	139.5	142.6	+3.1	100
ZK21	158.4	161.1	+2.7	163	166.5	+3.5	45

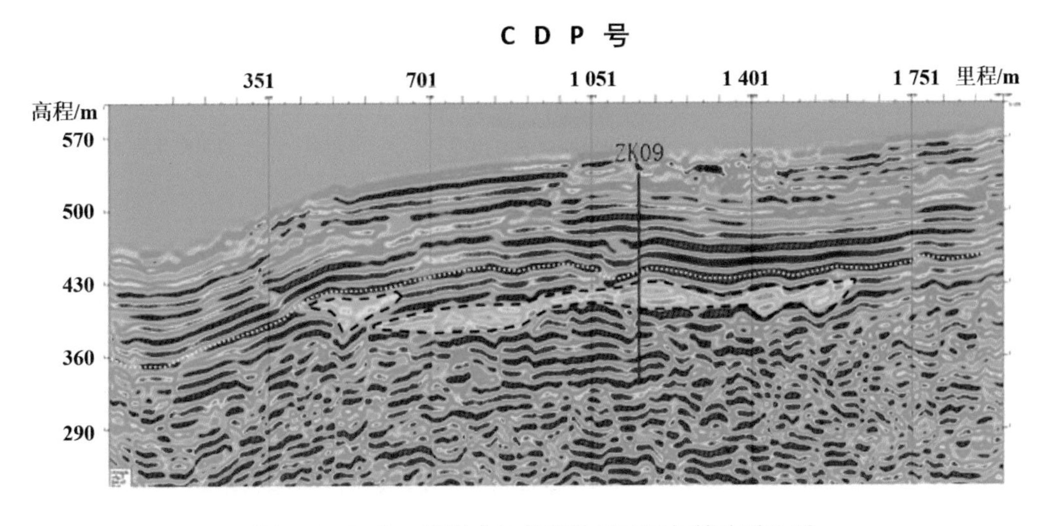

图 4-6-3 井—震联合法解释的采空区与钻孔对比图

2）测井约束高密度电法识别芒硝矿采空区与精度分析

在浅层地震探测钙芒硝矿层的基础上，项目组布置了高密度电法扫面工作，结合地震解释的成果和钻孔资料，研究了高密度电法在探测芒硝矿采空区的适应性和准确性（见表 4-6-2）。由于 ZK09 号钻孔采空层范围为 131.7~139.5 m，ZK21 号钻孔的采空层范围为 158.4~163.00 m，高密度电法剖面上难以准确分辨出钙芒硝层与石膏层，但在采空层附近的低阻异常特征相对较为明显（图 4-6-4）。通过测井约束高密度电法解释的采空层与钻孔对比结果中可以知道，测井约束高密度电法解释的采空层与钻孔深度误差在 6 m 以内，相对误差最大为 3.78%，反映基于测井资料约束高密度电法解释方法在芒硝矿采空区识别方面具有较高的精度。

表 4-6-2 国际生物城钙芒硝采空区与测井约束高密度电法解释的采空区分层对比表

单位：m

钻孔 采空区	钙芒硝矿采空区					
	顶深	预测顶深	误差	底深	预测底深	误差
ZK09	131.7	128.08	−3.62	142.71	142.60	−0.11
ZK21	158.4	152.43	−5.97	163	165.08	+2.08

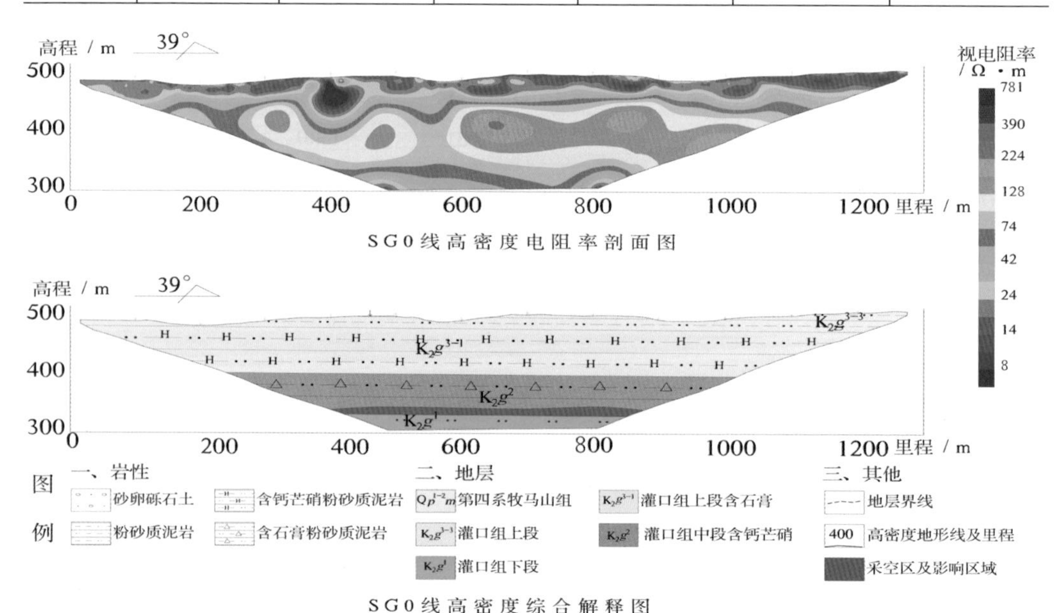

图 4-6-4 测井约束高密度电法解释的采空区与钻孔对比图

3）国际生物城地球物理勘探采空区识别效果分析

通过在国际生物城布置的物探扫面的采空区深度与钻孔深度误差对比分析，本次研究认为井—震联合法和测井资料约束的高密度电法两者对采空区的探测精度接近，且与钻孔的误差在 10% 以内，反映两种方法均可用于采空区探测。

需要指出的是，由于采空区厚度较薄，地面物探方法的分辨率有限，这就需要钻孔标定，尤其是二维地震方法必须有钻孔标定才能较为准确地划分岩层并识别该芒硝矿采空区，而高密度电法在探测深度达到 200 m 的时候其纵向分辨率有限。因此，在有钻孔的情况下，基于精度的考虑应当优先采用浅层地震。在无钻孔的情况下，可采用高密度电法，但高密度电法难以有效划分含石膏粉砂质泥岩段和富含钙芒硝层段，其解释的采空区也需要井资料标定和验证。

4.6.3 采空区气体分析

ZK09 号钻孔在完钻后井口循环液中出现大量冒气泡的现象（图 4–6–5）。本次研究在现场开展了气体检测工作，重点检测泥浆循环液中气体成分。

按照含有毒有害气体瓦斯测试作业指导书的相关规定，本次选择四合一瓦斯检测设备，利用设备中的抽气装置，采用排水法收集了采空区气体，并利用瓦斯测试仪对采空区的气体组分（主要有氧气、一氧化碳、可燃气体、硫化氢等）进行了检测。从现场检测的结果来看（表 4–6–3 和图 4–6–6），采空区气体中不含可燃气体和硫化氢，仅含少量的一氧化碳，气体中氧气含量接近 20%，反映采空区气体主要成分为空气。

表 4–6–3 采空区气体成分检测表

气体成分	可燃气体	氧气	硫化氢	一氧化碳
含量	0%LEL	17.8%	0	10%

从检测的结果来看，采空区气体主要为空气，其来源主要是芒硝矿采空后被后期的地下水或地表水充满，形成了一些老窑积水，同时矿井巷道中有大量气体随地下水或地表水流入采空区，采空区往往具有连通复杂，水量大，酸性强，水压高的特点，在钻遇老窑水以后，压力得到释放就容易出现涌水的现象。

图 4-6-5 采空区冒气泡现象

图 4-6-6 ZK09 号钻孔气体检测

5 城市复杂环境针对特定目标探测的物探方法体系研究

根据以上物探手段以及其他各标段物探成果和面积性地震和电测深成果，总结了各类物探方法在城市地质调查中的适用情况。综合试验剖面解译成果来分析，由于每条测线所处的具体干扰环境不同，所处的地质构造部位不同，对各种物探方法可能存在不同的地球物理响应，很难建立统一的层位识别标志。尤其在某些复杂干扰环境下，部分方法不适用或者只是在一小段区域适用，因此中心城区物探工作需根据剖面所处的地质和干扰背景，分类建立不同的综合物探选取方法。

5.1 不同干扰环境建议采用的物探方法组合

在城市的弱干扰环境下，各种物探方法都能达到理论勘探深度，但不同的勘探手段的有效深度和反映地下信息的精度是不同的，因此需要根据不同的解释深度选择相应的物探方法。

5.1.1 地质雷达法

除了天线频率会影响地质雷达勘探深度外，地质体的细微差异也会影响其勘探深度在已建城区电磁干扰较多时，屏蔽天线具有较大优势，但深度则会受到影响。

5.1.2 微动法

微动的抗干扰能力较强，其有效信号即来自于周边随机噪声，对于不同台阵来说，环形台阵的抗干扰能力应该是最强的，相同条件下环形台阵的频散曲线更收敛，但在已建城区道路上工作，能布设环形台阵的场地较少，布设线形台阵时可以增加测量时间，提高信号的信噪比。

5.1.3 混合源面波法

混合源面波分主动源和被动源，主动源面波的抗干扰能力较弱，被动源面波抗干扰能力与微动类似。主动源面波的干扰主要来自于车辆、行人以及周边建筑工地、地铁等，其中车辆的干扰最大，尤其在桥梁附近，桥体的振动带来的干扰传播距离远且不易发现。被动源面波抗干扰能力与微动类似。实际工作时，如果勘探深度较浅，可以增加人工震源，增加高频能量，频散曲线也会更加收敛，从而避免后期数据处理中拼接频散曲线的步骤。

5.1.4 高密度电阻率法

与感应式电法不同，高密度电阻率法需要一定的接地条件，接地电阻大时勘探效果较差，采用硬化地表敷设泥团的方法可以正常工作，但是所测得的异常信号会发生一定的畸变。此外，地下电缆、管线均会对高密度电法工作造成影响，在有电磁干扰的情况下，或者地下存在不明管线、水泥板时开展高密度电法工作效果较差。

5.1.5 等值反磁通瞬变电磁法

等值反磁通瞬变电磁法主要思路是利用零磁通面消除一次场干扰，其余类似的仪器还有小框瞬变电磁仪等，主要是加大磁矩、提高发射电流、消除一次场干扰为主。试验表明，远离高压线数米至十数米后，等值反磁通瞬变电磁法测得的衰减曲线有较大的改善。此外，无论采用何种方式消除一次场，关断时间仍然存在，浅表会有一定的盲区。

5.1.6 音频大地电磁法

音频大地电磁在已建城区会受到较多的干扰，各类通信线路、高压线等均会带来随机噪声，此外一定距离的电磁波还会造成近场干扰，极大影响大地电磁类方法的有效性。

5.1.7 二维浅层地震法

已建城区内开展二维浅层地震法，其干扰源多来自车辆、工程施工等。此外，摄像头等也会造成通信上的干扰，使得震源不能激发。提高信噪比的手段主要有加大震源能量，提高采集信号主频，增加叠加次数，在后期数据处理时，合理地选择波速、频率等参数，也可以有效地消除部分噪声。

综上所述，已建城区的干扰主要为振动干扰和电磁干扰，不同干扰可以选择不同的物探方法组合。电磁干扰较强的区域优先选择弹性波法，振动干扰较强的则选择电(磁)法，同时也可以选择微动法。

5.2 不同方法的经济效益分析

5.2.1 高密度电阻率法

高密度电阻率法根据其探测深度和测点间距不同，其折算成1 km的单价存在差异。一般来说，高密度电法探测深度在0~100 m以内时，推荐的测点间距为5 m。当高密度电法探测深度在0~200 m以内时，推荐的测点间距为10 m。

①按照《地质调查项目预算标准（2010 年试用）》，探测深度在 0~100 m 以内，点距采用 5 m 时，单点预算价格为 259 元 / 点，1km 高密度电法的预算价格为 51800 元。

②按照《地质调查项目预算标准（2010 年试用）》，探测深度在 0–200 m 以内，点距采用 10 m 时，单点预算价格为 347 元 / 点，1km 高密度电法的预算价格为 34 700 元。

5.2.2 等值反磁通瞬变电磁法

按照《成都市城市地下空间资源地质调查（Ⅳ标段）》项目设计预算，等值反磁通瞬变电磁法预算单价为 157.8 元 / 点，点距 10 m，1 km 的预算价格为 15 780 元。

5.2.3 混合源面波法

按照《成都市城市地下空间资源地质调查（Ⅳ标段）》项目设计预算，混合源面波法预算单价为 2 880 元 / 点，点距 20 m，1km 的预算价格为 144 000 元。

5.2.4 探地雷达法

按照《成都市城市地下空间资源地质调查（Ⅳ标段）》项目设计预算，探地雷达法预算单价为 17 550 元 /km，点距 20 m。

5.2.5 浅层地震法

按照《成都市城市地下空间资源地质调查（Ⅳ标段）》项目设计预算，浅层地震预算单价为 336.47 元 / 点，点距 5 m，1 km 的预算价格为 67 294.5 元。

在考虑经济效益的情况下，各物探方法的单位预算价格由低到高为：等值反磁通瞬变电磁法＜探地雷达法＜高密度电法（0~200 m 探测深度）＜高密度电法（0~100 m 探测深度）＜浅层地震反射法＜混合源面波法。

通过上述分析结果，为了今后指导针对不同地质问题选择物探方法，本次对各物探方法进行经济效益分级。参照精度分级结果，本次研究初步将 1 km 成本价格在 1 万 ~ 2 万元（不含）之间的物探方法定义为 1 级经济效益；1 km 成本价格在 2 万 ~ 4 万元（不含）之间的物探方法定义为 2 级经济效益；1 km 成本价格在 4 万 ~ 6 万元（不含）之间的物探方法定义为 3 级经济效益；1 km 成本价格在 6 万 ~ 8 万元（不含）之间的物探方法定义为 4 级经济效益；1 km 成本价格在 8 万 ~ 10 万元（不含）之间的物探方法定义为 5 级经济效益，1 km 成本价格在 10 万元（以上的物探方法定义为Ⅵ级经济效益以上的物探方法定义为 6 级经济效益。经济效益分级表见表 5-2-1。

表 5-2-1 国际生物城物探方法探测经济效益分级表

物探方法	探测深度 / m	经济效益
高密度电阻率法	0~100	3 级
	0~200	2 级
等值反磁通瞬变电磁法	0~120	1 级
混合源面波法	0~130	6 级
探地雷达法	0~20	1 级
音频大地电磁法	0~500	\
浅层地震反射法	0~300	4 级

5.3 物探方法探测深度与探测精度分析

5.3.1 地质雷达法

地质雷达勘探深度较浅，已建城区主要采用屏蔽天线工作。受地下水及岩土体的影响，地质雷达有效勘探深度变化范围较大，同一频率天线在不同地区有效探深可以相差十数米。以 100 MHz 天线为例，台地区覆盖较薄地段深度可以达到 10 ~20 m，城区内一般在 5 m 以浅，深部主要以噪声为主，如存在电磁信号强反射层，通过调整增益可以对深部信号进行识别。综合中心城区及生物城试验成果认为：100 MHz 天线的探地雷达法能够较为准确地划分填土和黏土层，其深度误差最大达 18%，40 MHz 天线的探地雷达其解释的第四系层位与钻孔误差较大。

5.3.2 微动法

微动法勘探深度变化幅度大，浅层勘探可以在数米之内，深部勘探现今已有在页岩气勘探中开展微动法并取得一定效果的先例。此外，微动台阵的不同勘探深度也有所不同，环形台阵勘探深度大约为最大半径的 3~5 倍，线形台阵的勘探深度大约为排列长度的 0.7 ~ 1.0 倍。试验中发现在投入相同数量检波器的情况下，线形台阵反演成果不同深度的异常分布较均匀，环形台阵深部异常的细节则不够突出，推测可能由于线形台阵检波器分布均匀有关。勘探深度大时，需要增加采集时间，其二需要加大排列长度或台阵半径，检波器数量不足的会带来细节上的损失，增加检波器数量又会带来成本上的增加。

5.3.3 混合源面波法

混合源面波中的被动源勘探深度与微动类似，主动源面波的勘探深度受震源能量、排列长度等限制，一般在 20~30 m 左右。被动源面波勘探深度较大，视投入检波器数量以及所选台阵而不同。该方法能够较为准确地划分第四系地层，通过与钻孔分层对比可知，该方法划分的第四系黏土层和砂卵砾石层与钻孔的深度误差在 5% 以内。该方法划分的灌口组基岩段（K_2g^{3-3}、K_2g^{3-2}）与钻孔的深度误差在 5% 左右，反映该方法探测精度较高。

在被动源面波采集数据过程，我们改进的增加人工震源这一措施，只适用于浅层勘探，此时并非为了增加勘探深度，而是增加高频信号，提高浅表的分辨率，但仍然会存在 0.5~1.0 m 左右的盲区。

5.3.4 高密度电阻率法

理论上高密度电法工作勘探深度与排列长度、电流大小有关，在已建城区受供电条件的限制，一般勘探深度在 50 m 以浅，同时不同装置的勘探深度有所不同，三极测深的有效勘探深度较大，但在已建城区开展该装置的高密度电法工作的场地条件很难达到。在生物城开展的高密度电法对于浅部的砂卵砾石层识别效果较好，与钻孔的深度误差在 12% 左右，识别精度较高；在其探测深度范围内能够识别出灌口组粉砂质泥岩层（K_2g^{3-3}），其钻孔的深度误差在 12% 左右。在国际生物城芒硝矿采空区段，采用的高密度电阻率法测量，排列长度为 1.5 km 时，该方法能够达到 200 m 的探测深度，通过与钻孔分层对比可以知道，当高密度电法探测深度达到 200 m 时，100~200 m 之间的分辨率下降，分层误差较大，且难以划分含石膏和含钙芒硝层位。中心城区由于在试验剖面段上没有钻孔参考，故未统计精度。

5.3.5 等值反磁通瞬变电磁法

勘探深度受瞬变电磁法的供电电流、磁矩大小影响，一般有效的深度在 200 m 以内，采用小发射线框的瞬变仪勘探深度大致在 50 m 以内。该方法对于浅部的黏土层识别效果较好，与钻孔的深度误差较小，但其识别浅部砂卵砾石层的效果一般；在其探测深度范围内能够识别出灌口组粉砂质泥岩层（K_2g^{3-3}）和含石膏的粉砂质泥岩层（K_2g^{3-2}），分层误差在 10% 以内。

5.3.6 音频大地电磁法

理论上音频大地电磁的勘探深度可以达到 1~2 km，与浅层电阻率幅值有一定的关系，已建城区开展音频大地电磁工作受限制的条件较多，随机干扰和近场干扰均较严重，影响了音频大地电磁的有效深度。

5.3.7 二维浅层地震法

勘探深度受震源能量和最大偏移距影响，小震源、小偏移距时有效深度数十米，大震源时可达到莫霍面，但在已建城区不可能用炸药激发，采用可控震源一般能达到数百米深至数千米深左右。

由于近道干扰，开展二维浅层地震时常利用浅层层析反演的速度剖面划分第四系层位，由于第四系的砂卵砾石层与强风化泥岩层的速度差异较小，在基覆界面埋深较浅时完全依靠层析成像识别基岩面难度较大；浅表由于大量存在人工填土、黏土层，严格区分这两套层位也具有相当的难度，通过与钻孔分层对比可知该方法划分的第四系黏土层与钻孔的深度误差较大，绝对值为 3 m，而该方法划分的砂卵砾石层与钻孔的深度误差为 1 m，该方法划分的灌口组基岩段（K_2g^{3-3}、K_2g^{3-2}）与钻孔的深度误差在 15 m 以内，反映该方法探测精度一般。

通过试验段物探剖面与钻孔分层对比，可以得到以下结论：

①目标地质体在 20 m 以内时，各方法探测精度由高到低的顺序为：混合源面波法＞探地雷达法 > 高密度电阻率法＞浅层地震法＞等值反磁通瞬变电磁法。

②目标地质体在 100 m 以内时，各方法探测精度由高到低的顺序为：混合源面波法＞等值反磁通瞬变电磁法≈高密度电阻率法＞浅层地震法。

③目标地质体在 100~300 m 以内时，建议主要采用浅层地震法，高密度电法分辨率较低。

通过对钻孔的划分的地层对比效果可以对各物探方法的精度进行分级，即物探方法划分的地层深度与钻孔分层深度误差小于 6% 的，分为 1 级；地层深度与钻孔分层深度误差在 6~15% 之间的，可分为 2 级；地层深度与钻孔分层深度误差大于 15% 的，分为 3 级；当物探方法受干扰较强，或完全不能解决相关地质问题的，其精度为 4 级（见表 5-3-1）。

表 5-3-1　物探方法有效探测深度及抗干扰性一览表

工作方法	有效深度	抗干扰性能	探测精度分级	备注
地质雷达法	2~5 m，成都市内地质雷达有效探测深度变化幅度较大，可能受地下水位、地面干湿程度影响	弱，干扰主要来自于高压线、通信线，地表起伏、地面积水均会造成假异常	3	
微动法	3 m~ 数 km，探测深度与台阵、投入检波器数量有关，已有在页岩气勘探中应用微动的先例	强，微动法抗干扰能力较强，但距离较近的干扰有一定影响，同时检波器耦合不佳也会造成数据质量不可靠	1	
混合源面波法	与微动类似	被动源与微动类似，主动源面波时人工震源往往难以压制来往车辆的振动噪声	1	建议在浅层高精度勘探时开展该方法，直接开展微动，增加人工震源，提高浅层分辨率
高密度电阻率法	＜ 100 m，如果在硬化路面上布设电极，勘探深度还会减小	弱，干扰源自高压线、通信线，硬化路面上敷设泥团法开展工作会造成异常变形	2	
等值反磁通瞬变电磁法	＜ 200 m	一般、远离电力线可在一定程度上提高数据质量	3	建议加大磁矩、发射电流等参数，解决 50 m 以浅地质问题，应用于道路病害体检测中，获取多种地球物理参数综合识别地下病害体
音频大地电磁法	＜ 1.5 km	弱，干扰源主要来自于高压线、通信线以及人文干扰。此类干扰会造成高频随机噪声。现发现在成都周边如都江堰、大邑等地有较强的近场干扰，低频数据曲线发生畸变	4	
二维浅层地震法	＜ 1 km，特指在已建城区不能采用炸药震源和大吨位可控震源的情况	较强，增大震源、增加覆盖次数，但重型货车干扰仍较强	3	

5.4 不同地质问题建议采用的物探方法组合

开展物探工作的目的主要是为了解决特定的地质问题，综合考虑不同工作方法的抗干扰性能、有效探测深度、场地等受限制的条件，解决特定地质问题时可以采用一种或者多种物探方法组合。已建城区干扰较多，加之磁法勘探和重力勘探的垂向分辨率相对较差，故在此不作讨论。此外，由于各地地质条件差异较大，因此以下论述基于成都市及周边，主要针对电（磁）法和弹性波法，地质体具备波阻抗、电性或介电常数差异且具有一定的规模的情况。

5.4.1 地层层位

严格来说，波阻抗界面才具备“层”的特征，因此划分地层的首选方法为反射波法，但是浅表的层位仍然难以识别，主要是因为小偏移距时各种体波、面波混杂在一起，分离反射波具有较大的难度。在地层速度随深度递增的前提条件下，折射波法也可以划分地层层位；此外地质雷达勘探中也存在反射界面，也可用于对地层的划分，但是其勘探深度较浅，而且干扰源不如车辆运行等弹性波法干扰源那么直观。

成都市国际生物城 0~300 m 范围内主要是划分冒火山断裂以西第四系地层、基岩段灌口组和冒火山断裂以东的夹关组、天马山组、蓬莱镇组等地层，根据前期物探方法对比实验剖面取得的成果可以知道，不同深度范围内各物探方法的探测精度差异较为明显。

结合试验段的物探方法对比结果，可以知道，当只考虑探测精度时，0~300 m 范围内的地层结构问题建议的物探方法为：混合源面波 + 浅层地震反射法。当考虑经济效益时，建议的物探方法为高密度电阻率法 + 浅层地震反射法或只选择浅层地震反射法。

0~300 m 地层结构问题建议的物探方法及经济效益对比表见表 5-4-1。

表 5-4-1 0~300 m 地层结构问题建议的物探方法对比表

地质问题	推荐的物探方法	精度分级（平均）	经济效益分级（平均）	精度 + 经济效益
0~300 m 地层结构	混合源面波 + 浅层地震反射法	2	5	10.5
	高密度电阻率法 + 浅层地震反射法	2.5	3.5	9
	浅层地震反射法	4	4	8

通过表 5-4-1 中可以看出，0~300 m 范围内的地层结构问题应当选择的物探方法组合为浅层地震反射法。

其余弹性波法如面波法，包括微动，由于是反演的成果，主观因素影响较大，尤其是初始模型的选择，如在约束条件较多的情况下反演效果更好，总体来说对地层进行分层划分效果不如反射波法。

由于电场具有体积效应，电 (磁) 法类方法可以识别电性差异较大的地质体，分层的效果与面波法类似。

5.4.2 构造

二维浅层地震方法对隐伏断裂的定位精度相对最高，且剖面能够更为直观，在断层定位方面有着先天的方法优势，但浅层受干扰程度较高，资料信噪比不能保证，因此本研究建议该方法在解决隐伏断裂定位的问题时，其精度上升一级处理。高密度电阻率法则必须结合钻孔和二维浅层地震的结果来确定隐伏断裂。因此，其探测精度方面上至少降一级处理，本研究建议降 2 级处理 (即分级值增加 2 个值)，当断层已知时，高密度电阻率法则可按照原来的精度确定分级。微动方法凭借速度结构差异来识别断层，其精度相对二维浅层地震较低，本研究建议该方法精度降一级处理。等值反磁通瞬变电磁法探测隐伏断裂的原理与高密度电阻率法类似，因此本研究建议该方法的探测精度在表 5-3-1 的基础上降 2 级处理。

针对隐伏断裂定位的问题，各方法精度—经济效益对比见表 5-4-2。

表 5-4-2　隐伏断裂探测的问题建议的物探方法对比表

地质问题	推荐的物探方法	精度分级	经济效益分级	精度 + 经济效益
隐伏断裂探测	高密度电阻率法 (0~100 m)	4	3	7
	高密度电阻率法 (0~200 m)	5	2	7
	等值反磁通瞬变电磁法	4	1	5
	混合源面波	2	6	8
	浅层地震反射法	2	3	5

从表 5-4-2 中可以看出，隐伏断裂探测方面，优先采用浅层地震反射法，其次为等值反磁通瞬变电磁法。

5.4.3 工程地质问题

面波能够获得反应地层纵向、横向变化的横波速度信息，而视横波是不同岩土体软硬程度的反映，同时该参数还能评价覆盖层厚度、场地类型、卓越周期以及近似计算动力学参数，为相关工程地质问题分析提供参考。

此外，当有测井资料时，测井可较为准确地划分地层结构、识别含水层与隔水层，与波速测试结合还可开展各类工程地质分析，约束地面物探的解释。因此，当有钻孔时，应当开展综合测井和波速测试工作。

针对含膏盐泥岩的识别，中心城区与国际生物城有所差异。含膏盐泥岩埋深范围变化较大，在国际生物城主要在 120~200 m，在中心城区平原区埋深则在 20~70 m 左右，台地区埋深 40 m 左右，要求物探方法的探测深度达到 200 m，即组合后的物探方法能够实现 0~200 m 地层结构探测，且能够较为准确地划分钙芒硝层位。

以往在中心城区开展的电测深数据的再利用成果表明，电测深工作在一定程度上可以识别膏盐富集层，顶界面的识别精度相对误差较低，底界面由于受勘探深度限制无法有效地识别。

通过国际生物城物探方法对比试验和采空区高密度电法结果，首先按照探测深度要求对各物探方法进行筛选，优选出高密度电法和浅层地震反射法两种方法。

根据采空区高密度电法探测效果分析，高密度电法不能准确区分富含石膏层与钙芒硝层，但该方法能够区分含膏盐泥岩与不含膏盐泥岩层，因此该方法在探测精度在原来的基础上应当降一级处理（即精度分级值增加一个值），高密度电法与浅层地震反射方法的探测精度与经济效益对比见表 5-4-3。

表 5-4-3　含膏盐泥岩问题建议的物探方法对比表

地质问题	推荐的物探方法	精度分级（平均）	经济效益分级（平均）	精度 + 经济效益
含膏盐泥岩（0~200 m 地层结构）	高密度电阻率法	4	2	6
	浅层地震反射法	3	3	6
	电测深	3	2	5

从表 5-4-3 中可以看出，电测深、高密度电法与浅层地震反射法的精度经济效益值接近，即都可以采用，由需求方决定采用某种方法。

5.4.4 水文地质问题

在成都平原，第四系的上部含水层指上更新统砂砾卵石层，而该层位表现为相对高阻的特征。针对第四系地层中砂砾卵石层表现出高阻的电性特征，可采用电阻率测深法对其进行识别，经过反演可以看出电测深成果对浅部的砂砾卵石层顶底板的识别精度较高。但该方法有效勘探深度有限，在干扰较低地段可结合其他如高密度、等值反磁通瞬变电磁法之类工作手段，划分含水层与隔水层。上述各类电法工作，在有施工条件的基础上，可作为补充方法开展水文地质分析。

参照前人在红层丘陵区物探找水方法的经验，根据国际生物城浅层承压水高密度电法探测的初步成果，本阶段研究建议浅层承压水的地面物探方法优先采用 0~100 m 的高密度电法。由于未开展等值反磁通瞬变电磁法工作，该方法理论上也可识别含水层，因此该方法作为推荐方法，两种方法精度—经济效益对比见表 5-4-4。

表 5-4-4 第四系上部含水层、承压水问题建议的物探方法对比表

<table>
<tr><th>地质问题</th><th>推荐的物探方法</th><th>精度分级</th><th>经济效益分级</th><th>精度 + 经济效益</th></tr>
<tr><td rowspan="2">浅层承压水（0~100 m 地层结构）</td><td>高密度电阻率法</td><td>2</td><td>3</td><td>5</td></tr>
<tr><td>等值反磁通瞬变电磁法（未论证，建议采用）</td><td>2</td><td>1</td><td>3</td></tr>
<tr><td rowspan="3">第四系上部含水层</td><td>电测深</td><td>3</td><td>2</td><td>5</td></tr>
<tr><td>高密度电阻率法</td><td>3</td><td>3</td><td>6</td></tr>
<tr><td>等值反磁通瞬变电磁法</td><td>1</td><td>3</td><td>4</td></tr>
</table>

5.4.5 采空区问题

国际生物城采空区埋深范围在钙芒硝矿层内，其探测深度与钙芒硝矿层的探测深度一致。由于采空区厚度较薄，其分辨率要求较高，目前物探方法难以准确划分芒硝矿采空区。

根据采空区高密度电法研究成果，结合浅层地震方法探测精度分析，认为高密度电法能够较为准确识别采空区，而浅层地震方法能够识别采空区影响带。两者解决采空区的问题不尽相同，因此方法精度和经济效益对比仍然参照表 5-4-5 的结果。

表 5-4-5 芒硝矿采空区问题建议的物探方法对比表

地质问题	推荐的物探方法	精度分级	经济效益分级	精度 + 经济效益
芒硝矿采空区（0~200 m 地层结构）	高密度电阻率法	3	2	5
	浅层地震反射法	3	3	6

从表 5-4-5 中可以看出，高密度电法与浅层地震反射法的精度—经济效益值接近，而高密度电阻率法的经济效益略高。

综上所述，各种物探方法都有多解性、局限性、适应性，并且单一的物探方法只能获得地下地质体的某一物性参数，因此在城市地下空间探测的复杂干扰环境下，需要采用多种不同物理原理的方法的组合，起到相互结合、补充、约束的作用。同时，利用已知钻孔资料，借助先进的多方法联合反演解释软件，沟通不同物性参数间的联系，降低反演解释的多解性（见表 5-4-6）。

表 5-4-6 解决不同地质问题选择物探方法组合一览表

地质问题	内容	选择工作手段	备注
地层结构		浅层地震反射法、混合源面波法、高密度电阻率法、瞬变电磁法	波阻抗界面才具备“层”的概念，因此对地层结构划分首选浅层地震反射法；其余如速度场、电场有一定的体积效应，成果解译时可结合钻井资料加以约束
隐伏构造		浅层地震反射法、混合源面波法、高密度电阻率法、瞬变电磁法	首选仍然是浅层地震反射法，当某套地层的缺失或者横向不均匀都会使得其他方法产生误判
工程地质问题	场地评价	主动源面波法、地震映像法、高密度电阻率法、微动法、音频大地电磁法	
	含膏盐砂泥岩	浅层地震反射法、高密度电阻率法、电测深	
水文地质问题	第四系上部含水层	高密度电阻率法、音频大地电磁法、大地电磁法	直接利用含水层与周边隔水层的电性差异寻找地下水，或者寻找含水层位间接找水；对于温泉勘探选择电磁法类物探增加勘探深度
	承压水		

续表

地质问题	内容	选择工作手段	备注
水文地质问题	温泉		
采空区		高密度电阻率法、浅层地震反射法	
地下病害体		探地雷达法、混合源面波法、地震映像、高密度电阻率法、瞬变电磁法	首选探地雷达法，根据干扰情况选择性采用其他弹性波法或者电（磁）法。为探测较大深度的病害体，可采用探地雷达法＋混合源面波法组合方式。开展探地雷达法时按照微动台阵的布设方式放置检波器，人工增加震源增强高频能力，提高浅部分辨率，深浅结合的方式进行探测
隐蔽管线		探地雷达法、微动法、主动源面波法、高密度电阻率法、瞬变电磁法	首选探地雷达法，根据隐蔽管线的埋深、材质，选择其他方法加以验证

这样通过经济效益与精度分析进行对比或相加，当两者之和越小，反映选择的物探方法越好，但必须考虑到，兼顾精度和经济效益时，方法越多明显经济效益会打折扣。因此，在方法越多的情况下，每增加一种方法，精度和经济效益之和应当乘 1.5 的系数。

本研究提出多物探方法优选的思路，按照以下三步走：

①各物探方法根据自身的精度或经济效益分级标准，各方法相加后取精度或经济效益的平均值作为方法组合的精度或经济效益分级。

②方法组合后精度和经济效益之和为当前组合物探方法的分级值。

③当物探方法组合数量相同时，取分级值作为本组合物探方法精度—经济效益分级标准值，在此基础上，每增加一种方法，精度—经济效益分级标准值乘 1.5 的系数。

④精度—经济效益分级标准值最低，为当前地质问题的最优物探方法组合。

6 对几种特殊地质问题对物探采集、处理、解释工作优化方面提出的新建议

6.1 0~300 m 地层结构的物探采集、处理与解释工作优化建议

0~300 m 地层结构问题优先采用浅层地震反射法。资料采集过程严格按照《浅层地震勘探技术规范》（DZ/T 0170—1997）和《城市工程地球物理探测标准》（CJJ/T 7—2017）关于浅层地震勘探资料采集的要求，并增加以下内容：

（1）通过现场踏勘和干扰源调查，尤其是调查车辆震动、在建工地、下雨、高压线、地下管线等干扰源，统计干扰高峰时段，并制定详细的施工方案。

（2）夜晚城市运渣车出行密集时段，应当安排专人站岗盯梢，实时观察，当有重车通过排列时，通过对讲机提示采集车操作员，以期获得合格的原始记录。

（3）测线经过大型立交桥、十字交叉路口等大型障碍物，提前做好踏勘工作，在室内观测系统设计时，遵循以下原则：

见缝插针——在障碍中间位置选择震源车能够进入的区域恢复炮点；

就近恢复——在障碍两端就近位置恢复炮点，尽量保证覆盖次数。

在资料采集过程中采用加长排列，立交桥或十字路口两边加密炮点的方法，能够有效补偿覆盖次数，路口采用过路胶皮保护大线及采集站。

（4）在充分了解原始资料的基础上，按照地质任务、处理任务与处理要求，设计处理流程、测试处理参数，通过有针对性的大量参数测试以及模块组合等流程测试，同时结合周边处理经验，确定二维处理的基本流程。图 6–1–1 给出了城市复杂环境条件下二维浅层地震处理的一般流程。

（5）通过国际生物城大量参数测试以及模块组合等流程测试，确立了城市复杂环境条件下二维浅层地震处理的主要参数，参见表 6–1–1。

（6）叠加时间剖面或偏移时间剖面是反射波资料解释的基础图件。应根据剖面图，采用钻孔资料或地质资料对比分析手法，确定地质层位和地震波组关系。选取与目的层位对应的波组进行对比、追踪，获得目的反射层变化情况。时间剖面的解释应包括确定主要地质层位与反射层位关系、确定地层厚度变化与接触关系，划分断层或破碎带、

确定含膏岩（钙芒硝）泥岩分布情况、刻画钙芒硝矿采空区空间展布范围等。城市复杂环境条件下二维浅层地震资料解释流程见图 6–1–2。

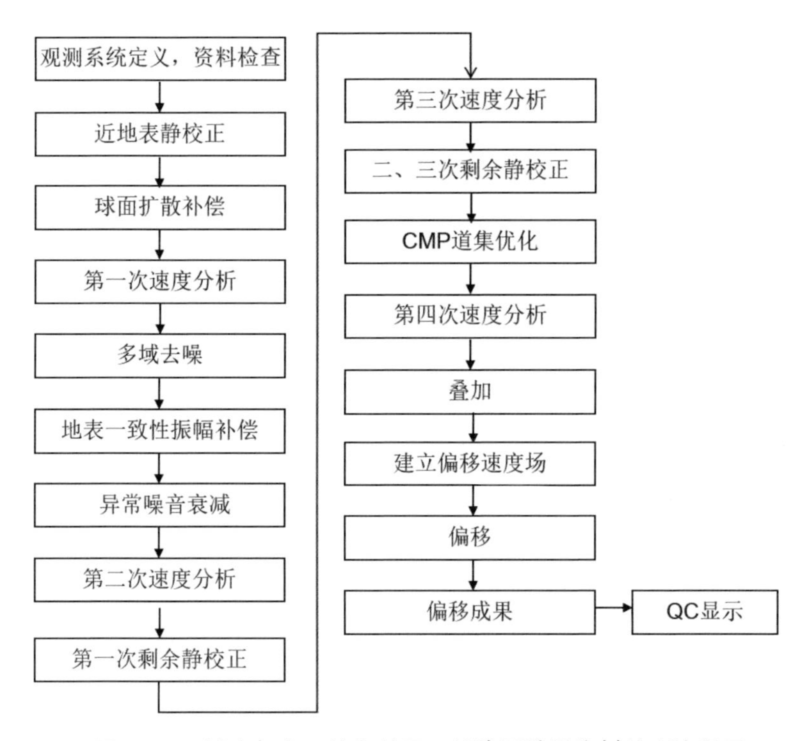

图 6–1–1 城市复杂环境条件下二维浅层地震资料处理流程图

表 6–1–1 城市复杂环境条件下二维浅层地震处理主要参数表

处理步骤	处理参数值
基本处理参数	处理采样率：0.5 ms，处理长度：1 000 ms
真振幅恢复	恢复指数：*T*=1.5
层析静校正	基准面高程：700 m，替换速度：1 800 m/s
叠前时变带通滤波	*T*1=200 ms　10~120 Hz
模型减去法去除相干噪音	视速度范围：300~1 300 m/s
地表一致性预测反褶积	TW1：50~450 ms，算子长度 =160 ms，预测步长：24 ms
地表一致性剩余静校正	扫描倾角范围：–60~60 ms/12TR 静校正量拾取频带：10 Hz,15~80 Hz，90 Hz 拾取时窗：根据剖面目的层所在时间段，空变确定
叠后滤波	*T*1=200 ms　15~120 Hz

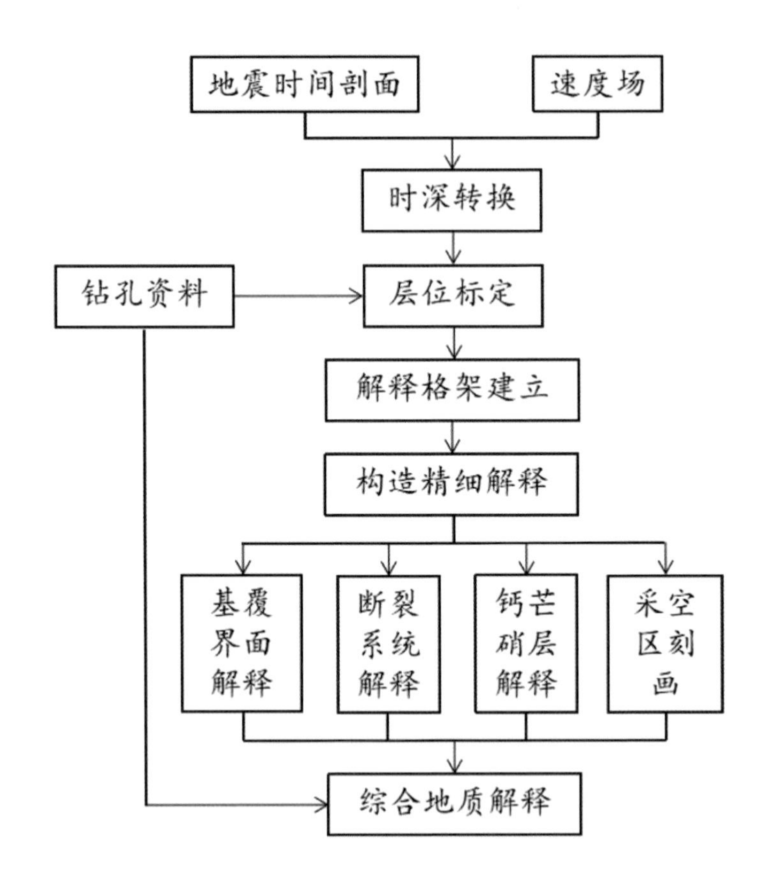

图 6-1-2 城市复杂环境条件下结构问题的二维浅层地震解释流程图

6.2 含膏盐泥岩分布问题的物探采集、处理、解释工作优化建议

含膏盐泥岩分布可采用浅层地震反射法和 200 m 探测深度的高密度电阻率法，其中高密度电阻率法推荐采用温纳装置。

浅层地震反射法与 0~300 m 构造探测问题的二维浅层地震反射法要求一致。高密度电法除按照相关规范要求外，针对成都市城市复杂环境条件下开展高密度电阻率法探测含膏盐泥岩的新要求是：

（1）通过收集地质资料，了解含膏盐泥岩的深度，并针对性布置测线。

（2）应当在已知含膏盐泥岩段（尤其是钙芒硝段）且有钻孔控制的区域布置至少

一条高密度电阻率法测线，以便确定芒硝矿层及上下围岩的电性差异，同时用于标定即将开展的高密度电阻率法剖面。

（3）含膏盐泥岩与钙芒硝层若难以从高密度电阻率法剖面上区分，如果明确要求探测钙芒硝层，建议更换其他方法。

（4）城市开展高密度电阻率法，应当优先采用泥饼材料降低接地电阻，如要使用绿化带布设电极，应当调查绿化带内是否有地下金属管线或高压电线、配电站等干扰源，如有干扰源存在，则不宜选择在绿化带布设电极。

（5）高密度电阻率法反演剖面应当统一色标、统一反演方法和反演参数。

（6）高密度电阻率法反演剖面的解译应在充分结合钻孔资料的前提下，结合含膏盐泥岩的地质资料，综合划分含膏盐泥岩段。

6.3 芒硝矿采空区问题的物探采集、处理、解释工作优化建议

芒硝矿采空区的探测若只考虑经济效益，则推荐采用高密度电阻率法。

（1）芒硝矿采空区高密度电阻率法测线应当有交叉测线，以便准确分析芒硝矿层的分布特征以及采空区的物性特征。

（2）采空区高密度电阻率法点距宜采用 5m 或更小的点距，以便能够精细确定采空区的横向边界。

（3）应当在已知采空区且有钻孔控制的区域布置至少一条高密度电阻率法测线，以便确定芒硝矿层、芒硝矿采空区及上下围岩的电性差异，同时用于标定即将开展的高密度电阻率法剖面。

（4）应当结合钻孔揭露的情况选择高密度电阻率法反演方法，以钻孔揭露的采空区厚度与高密度电阻率法的异常厚度之间的误差在 10% 以内为最优反演方法。

（5）采空区高密度电阻率法反演剖面应当统一色标、统一反演方法和反演参数。

（6）采空区高密度电阻率法反演剖面的解译应在充分结合钻孔资料的前提下，根据剖面上的视电阻率差异特征，结合测线所处的地质构造环境，并考虑各相交测线的物性与地质解释的闭合问题，最终综合圈定采空区横向和纵向展布范围。

6.4 针对浅层承压水物探采集、处理、解释工作优化建议

浅层承压水的探测推荐采用等值反磁通瞬变电磁法，但该方法未在浅层承压水地

区进行论证，目前只推荐采用高密度电阻率法。

（1）浅层承压水高密度电阻率法野外施工前，应当在承压水周边进行详细的踏勘，了解周边地形、地质构造、可能的电磁干扰源，并针对踏勘结果布置好方法测线。

（2）浅层承压水宜采用 5 m 或更小的点距，以便能够精细确定承压水的横向边界。

（3）反演方法以能够凸显浅层承压水富水区与其他区域的差异为最优。

（4）浅层承压水高密度电阻率法反演剖面应当统一色标、统一反演方法和反演参数。

（5）承压水高密度电阻率反演剖面的解释应当充分结合地质构造，尤其是断层产状、出露位置、地层产状，在此基础上分析视电阻率剖面特征，进一步圈定承压水富水带。

6.5 隐伏断裂定位问题的物探采集、处理、解释方法提出工作优化建议

隐伏断裂定位的问题推荐优先采用浅层地震反射法，其次推荐等值反磁通瞬变电磁法。其中，等值反磁通瞬变电磁法的经济效益要优于浅层地震反射法。

在隐伏断裂探测时，在对浅层地震勘探方法采集、处理和解释必须满足相关规范的情况下，提出的新要求与 0~300 m 结构探测问题的要求一致。

对于等值反磁通瞬变电磁法，针对隐伏断裂定位的问题，其采集、处理、解释方法思路为：

（1）城市常见干扰源及采集方法

①城市输变电系统

城市输变电系统对等值反磁通瞬变电磁法来讲是严重的干扰源。当测点距离高压线路小于 100 m 时，由高压线路产生的电磁场可以干扰采集一起自身发射的电磁场，令采集的数据质量下降，且频点的数据产生畸变，如图 6-5-1 所示。当采集数据呈现该种异常形态时，可考虑为输电线路干扰。

当测点不可避免地通过高压线路等电力设施，可以适当平移测点到合适的地方进行采集，同时应记录真实的点位坐标，在野外记录中详细记录真实的采集情况。当平移无法避开干扰时，需在观测过程中随时监测采集信息情况，可以适当增加采集次数，或者调整采集时长，增加叠加次数，尽量提高数据质量。

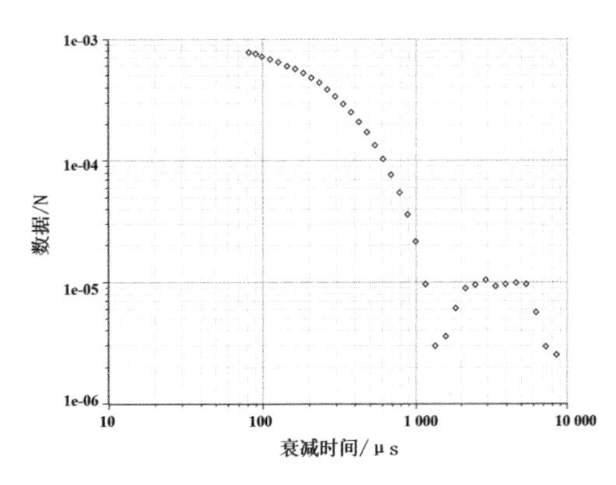

图 6-5-1 电磁类干扰数据采集

②车辆

车辆往来产生的随机干扰会影响测点周围电磁场的分布及传播，使得频点数据发生畸变，产生虚假的异常，如图 6-5-2 所示。当衰减曲线呈现该种异常形态时，可考虑为测点附近沿途的车辆干扰。

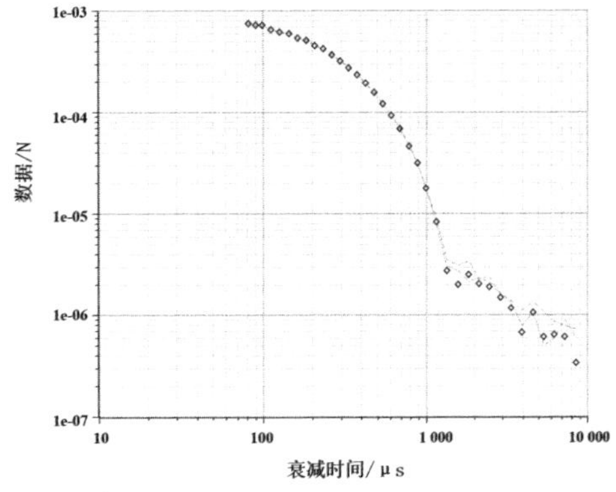

图 6-5-2 车辆干扰数据采集

当测线穿过交通干道，或是车辆来往密集区时，应选择车辆稀少的施工时间段，以错峰作业的方式施工。在数据采集过程中一旦遇上车辆通过的情况，应重新测量该点数据，保证数据质量。

③金属造物

天线 10 m 以内的金属造物影响等值反磁通瞬变电磁法的数据采集，强烈的反射信号压制正常信号，使衰减曲线异常圆滑，甚至近似呈直线，初始值极大，如图 6-5-3 所示。当采集曲线呈该种异常形态时，可考虑天线附近是否存在金属造物。

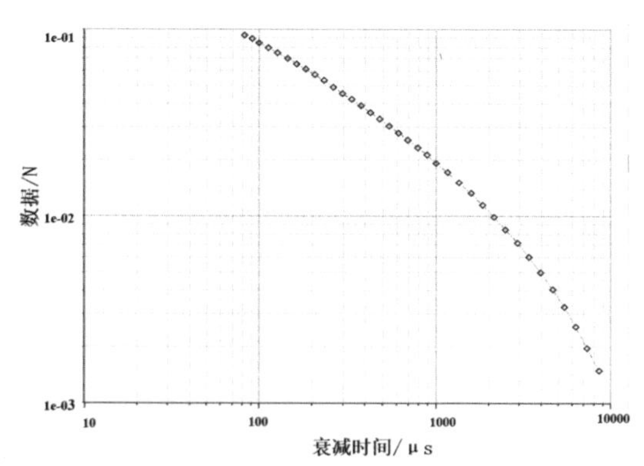

图 6-5-3 金属干扰数据采集

野外数据采集时，应清理距天线 10 m 范围内的金属造物，避免靠近天线，当遇到无法移动的金属造物时，可以适当平移测点到合适的地方进行采集，同时应记录真实的点位坐标，保证数据质量。

（2）反演方法的适应性分析

等值反磁通瞬变电磁法的反演方法主要有以下三种方法，其适应性适用性侧重点不一样。

①视电阻率法。该方法能定性的分析测线方向的水平位置的异常体，深度上会偏深，且异常形态为“凹型”，可作为定性解释的参考。

②层状介质反演方法。根据层状介质的规律，对数据进行分层的反演方法，对层状介质明显的地形反演结果较好，对层状介质不明显的地形反演结果较差，适当使用。

③瞬态弛豫反演法。根据等值反磁通理论进行公式推导，一种适用于等值反磁通测量的反演方法，对岩溶和采空等反应灵敏的反演方法。该反演方法得到的结果是“相对电阻率”，与真电阻率和视电阻率均存在一定的差异，但可以通过“相对电阻率”对异常进行判别。

（3）反演方法优化建议

等值反磁通瞬变电磁法应当在对比不同反演方法的视电阻率剖面图，与实际地质规律的吻合的反演方法为最优反演方法。

①隐伏断裂探测时，应当优先选用 2.5 Hz 频率的数据进行等值反磁通瞬变电磁法

的反演处理。

②宜在工区附近选择已知钻孔开展等值反磁通瞬变电磁法剖面试验，通过与测井资料对比，选择约束系数、反演系数、基准阻值、目标深度、开始时间、结束时间等参数，当钻孔显示与等值反磁通瞬变电磁法反演资料对应较好时的反演参数即为最合理的参数。

③等值反磁通瞬变电磁法的解释应当在充分收集和消化地质资料的前提下，结合前人的断层认识，并收集工区内已有的物化探资料，利用反演的视电阻率剖面图，识别和划分隐伏断裂。

7 结论与建议

7.1 结论

通过在成都市中心城区和国际生物城开展的大量物探方法试验，并针对相关地质问题分析各种物探方法技术的应用效果，本研究得到了以下主要结论：

（1）成都市国际生物城物探方法面临的干扰环境主要有：城市密集建筑物延缓了资料采集过程，给测线布置带来了困难；人文活动给物探施工带来安全隐患，给物探资料带来了诸如强电磁干扰、震动干扰等多种干扰。提高资料采集信噪比措施主要为：合理布置测线，尽量避开强干扰路段或现场实时观测数据质量，在干扰较强的位置适当远离干扰源以改善原始资料质量；错峰施工，避开强干扰时段；多次观测取最优数据等。

（2）国际生物城利用钻孔和测井资料对各种物探方法进行了标定和验证，并分析了不同物探方法的有效探测深度和探测精度，结果表明，只有二维浅层地震的探测深度能够满足 0~300 m 结构和构造探测的需求，等值反磁通瞬变电磁法和混合源面波（微动）探测深度只能实现 0~120 m 深度内的结构探测和目标地质体识别；高密度电法探测深度可以达到 200 m，但随着探测深度变深，其纵向分辨率变低，且难以区分钙芒硝层与石膏层；探地雷达法 100 MHz 的探测深度能达 20 m，40 MHz 探测深度能达到 30 m，但 40 MHz 不能区分卵砾石层与强风化泥岩层；音频大地电磁法在城市复杂条件下虽具备探测深度但与实际地质特征差异太大。

（3）依据钻孔分层研究各方法探测第四系的效果，第四系结构划分精度从高到低的顺序为混合源面波法＞等值反磁通瞬变电磁法＞高密度电法＞二维浅层地震法≈ 100MHz 探地雷达法＞综合测井。

（4）在各物探方法探测深度范围内，灌口组基岩段各物探方法探测精度上由低到高排序为：二维浅层地震＜等值反磁通瞬变电磁法 < 高密度电法≈混合源面波。

（5）与钻孔对比结果来看，各物探方法的探测含钙芒硝粉砂质泥岩精度由高到低顺序为：井—震联合法＞ 1.5km 长排列的高密度电法。

（6）应用钻孔资料和地质调查的最新成果，对测井交会图技术、多井对比法、井—

震联合法，测井约束高密度电法解释方法在结构探测、钙芒硝层划分、采空区识别、隐伏断层探测等方面开展了应用研究工作，结果反映各方法均有较为明显的应用效果。

（7）井—震联合法对芒硝矿采空区进行了探测，该方法对采空区的探测精度较高，高密度电法难以有效划分含石膏粉砂质泥岩段和富含钙芒硝层段，其解释的采空区必须采用井资料标定和验证。

（8）测井资料对比法可推测断层的存在，但不能对断层进行定位，利用井—震联合法可定位和推断隐伏断裂，在井—震联合法的基础上，利用高密度电法能够验证隐伏断层。

（9）基于探测深度、探测精度与经济效益，并结合中心城区和国际生物城地质特征，提出了针对不同地质问题的物探组合方法研究，即，0~300 m 范围内的地层结构问题应当选择的物探方法组合为浅层地震反射法；含膏盐泥岩分布的问题，高密度电法与浅层地震反射法的精度—经济效益值接近，即都可以采用，由需求方决定采用某种方法，芒硝矿采空区的问题则优先采用井—震联合法的精度较高；浅层承压水的地面物探方法优先采用 0~100 m 的高密度电法，等值反磁通瞬变电磁法虽然理论可行，但未经验证，只作为推荐方法；隐伏断裂探测方面，优先采用浅层地震反射法，其次为等值反磁通瞬变电磁法。

（10）通过本次研究结果，总结了几种特殊地质问题背景下，对未来在中心城区和国际生物城开展城市物探采集、处理、解释工作优化方面提出了新的建议。

7.2 建议

（1）本次专题研究工作的基础是国际生物城所开展的物探方法取得的一系列成果认识，所选的物探方法并不齐备，且在其他区域未经验证，建议收集成都市其他地区开展的物探方法并结合相关地质、测井资料，进一步研究城市物探方法适宜性及方法组合的有效性研究。

（2）建议在工区内继续开展本专题研究以外的新物探方法，并探索其在城市复杂环境条件下对相关地质问题的解决效果，拓展物探方法作为城市绿色勘探手段的应用范围。

致 谢

本项目在实施过程中得到了成都市规划与自然资源各级领导的大力支持。本专题研究在四川省华地建设工程有限责任公司赵松江总工程师的悉心指导下完成的，感谢物探项目组所有成员，如四川省华地建设工程有限责任公司蒙明辉、陶俊利、陈彩玲、李维、周先福等同志，以及西南大地工程物探有限公司的武斌教授级高级工程师、余舟、郑福龙、陈挺、皇健、陈宁、冯化鹏等同志的精诚合作和积极参与，本专著是大家共同努力编制形成的。另外，感谢对本专著提出宝贵修改意见的曹云勇高级工程师、梁红艺教授级高级工程师、魏良帅高级工程师、李元雄高级工程师等多位专家。

参考文献

[1] 关伟 . 规划新城城市地质工作体系研究——以北京平谷规划新城为例 [D]. 北京：中国地质大学，2016.

[2] 程光华 , 苏晶文 , 李采 . 城市地下空间探测与安全利用战略构想 [J]. 资源调查与环境 , 2019，40(3):226-233.

[3] 贾世平 , 李伍平 . 城市地下空间资源评估研究综述 [J]. 地下空间与工程学报 , 2008(3):5-9.

[4] 杨益 , 陈叶青 . 国外城市地下空间发展概况 [J]. 防护工程 , 2018, 40(3):64-70.

[5] 赵镨 , 姜杰 , 王秀荣 . 城市地下空间探测关键技术及发展趋势 [J]. 中国煤炭地质 , 2017，29(9):61-66,73.

[6] 高亚峰 , 高亚伟 . 我国城市地质调查研究现状及发展方向 [J]. 城市地质 ,2007,2(2):1-8.

[7] 席振铢，龙霞，周胜，等．基于等值反磁通原理的浅层瞬变电磁法 [J]．地球物理学报，2016，59(9)：3428-3435.

[8] 周磊 . 城镇有限场地条件下的物探找水试验 [J]. 城市地质 ,2019,14(1):1-8.

[9] 高远 . 等值反磁通瞬变电磁法在城镇地质灾害调查中的应用 [J] 煤田地质与勘探，2018,46(3)：152-156.

[10] 周超，赵思为．等值反磁通瞬变电磁法在轨道交通勘探中的应用 [J]．工程地球物理学报，2018，15(1)：60—64.

[11] 李万伦，田黔宁，刘素芳，等．城市浅层地震勘探技术进展 [J]．物探与化探，2018，42(4):653-661.

[12] 王伟君，刘澜波，陈棋福，等．应用微动 H/V 谱比法和台阵技术探测场地响应和浅层速度结构 [J]．地球物理学报，2009，52(6):1515-1525.

[13] 刘延忠，冯辉 . 城市地质工作中应重视一种新型电磁法——可控源音频大地电磁法的应用 [J]. 城市地质，2006,1(1):41-49.

[14] 关艺晓，卢进添，何泰健，等 . 可控音频大地电磁测深在城市隐伏断层探测中

的应用 [J]. 上海国土资源，2016,37(1):90–93.

[15] 王亚辉，张茂省，师云超，等 . 基于综合物探的城市地下空间探测与建模 [J]. 西北地质，2019,52(2):83–93.

[16] 谢小国，陶俊利，安艳东，等 . 川西凹陷钙芒硝矿地球物理特征分析 [J]. 四川地质学报，2019,39(3):473–375.

[17] 牟丹 . 辽河盆地中 – 基性火成岩测井岩性识别方法研究 [D]. 长春：吉林大学，2015.

[18] 石科，杨富强，李叶飞，等. 利用微动探测研究城市地下空间结构 [J]. 矿产与地质，2020 , 34(2): 355–365.

[19] 彭建兵，黄伟亮，王飞永，等 . 中国城市地下空间地质结构分类与地质调查方法 [J].2019,26(3):9–20.

[20] 马岩，李洪强，张杰，等. 雄安新区城市地下空间探测技术研究 [J].2020,41（4）: 535–541.

[21] 郭朝斌，王志辉，刘凯，李采 . 特殊地下空间应用与研究现状 [J]. 中国地质，2019，46(3): 482–492.

[22] 李万伦，刘素芳，田黔宁，等 . 城市地球物理学综述 [J]. 地球物理学进展，2018，33(5):2134–2140.

[23] 李华，杨剑，王桥，等 . 地球物理方法在城市膏盐富集层探测中的应用效果浅析 [J].2020，35(4):1577–1583.

[24]GAMAL M A .Validity of the Refraction Microtremors (ReMi) Method for Determining Shear Wave Velocities for Different Soil Types in Egypt[J].International Journal of Geosciences, 2011, 2(4):530-540.

[25]IVANOV J,LEITNER B,SHEFCHIK W,et al.Evaluating hazards at salt cavern sites using multichannel analysis of surface waves[J].The Leading Edge,2013,32(3):298-304.

[26] CRAIG M,HAYASHI K.Surface wave surveying for near-surface site characterization in the East San Francisco Bay Area,California[J].Interpretation,2016,4(4):SQ59-SQ69.

[27] MALEHMIR A,WANG S,LAMMINEN J,et al.Delineating structures con-trolling sandstone-hosted base-metal deposits using high-resolution multicomponent seismic and radio-magnetotelluric methods: a case study from Northern Sweden[J].Geophys. Prospect,2015,63:774-797.